美白水润只需7天

一学就会的四季精油护肤魔法

［韩］李庆真 / 著

崔岩 / 译

U0293733

人民日报出版社

图书在版编目（CIP）数据

美白水润只需7天：一学就会的四季精油护肤魔法 /
(韩) 李庆真著 ; 崔岩译. —— 北京 : 人民日报出版社,2013.4
ISBN 978-7-5115-1773-9

Ⅰ.①美… Ⅱ.①李… ②崔… Ⅲ.①女性－皮肤－
护理－基本知识 Ⅳ.①TS974.1

中国版本图书馆CIP数据核字(2013)第070978号

사계절 천연팩
Copyright © 2010 by Lee Kyung-Jin
Original Korean edition published by MediaWill Co., Ltd.
All Rights Reserved.
Simplified Chinese translation copyright © 2013 by Beijing Datang Culture Development Co.,Ltd.
Simplified Chinese Character rights arranged with MediaWill Co., Ltd.
through Beijing GW Culture Communications Co., Ltd.
本著作物中文简体字版权由北京水木双清文化传播有限责任公司代理

书　　名：美白水润只需7天：一学就会的四季精油护肤魔法
作　　者：李庆真
译　　者：崔　岩

出 版 人：董　伟
责任编辑：周海燕
封面设计：何洁薇
版式设计：刘珍珍

出版发行：人民日报出版社
社　　址：北京金台西路2号
邮政编码：100733
发行热线：（010）65369527　65369846　65369509　65369510
邮购热线：（010）65369530　65363527
编辑热线：（010）65369518
网　　址：www.peopledailypress.com
经　　销：新华书店
印　　刷：北京新华印刷有限公司

开　　本：889mm×1194mm　1/24
字　　数：160千字
印　　张：5
印　　次：2013年6月第1版　2013年6月第1次印刷

书　　号：ISBN 978-7-5115-1773-9
定　　价：29.90元

前言

　　年轻时就开始从事的服装事业，进行得并不尽如人意，在这段不短的时间里我得了抑郁症。幸亏在我人生最失意的时候，我遇到了芳香，让我能够很容易地克服这些困难。开始我只是出于好奇而喜爱"芳香护肤"。但是现在，我已经准备将"芳香护肤"变成我终生为之奋斗的理想事业。

　　我的人生也因芳香而完全改变。我也渐渐地能认识到细小的事情也有价值，自信和满足感也能为我带来幸福，我认为从出生到现在，我人生中做得最好的事情就是生了自己的孩子和能完美地接触到芳香护肤。

　　我参加过资格证课程的培训，也参加过医院、大学、大型企业等专门机构的相关培训。我感觉到芳香DIY只是单纯在模仿名牌化妆品的制作工艺，是没有自己色彩的伪"天然"。

　　正如每天只吃快餐会使身体累积毒素一样，我们的皮肤长期暴露在化学制品中也会累积毒素。消除这些毒素最好的方法就是什么东西都不要往脸上抹。只有这样，皮肤才会总能保持健康的状态。但是对于现代的人来说，化妆是不可避免的。这本书能为读者消除长期在化妆品和压力下的皮肤困扰，通过使用纯天然的护肤品，让我们的肌肤看上去比以前好很多。另外，我给大家介绍了多种多样的面膜，这也就是我写这本书的最终目的。

在这里，我想给诸位一些合理化建议。

第一，尽量不使用含有化学原料和有机添加剂的化妆品，而使用天然原料的护肤品；

第二，选择一般人皮肤都不会过敏的原料的护肤品；

第三，方便自己使用；

第四，护肤品简单而容易制作；

第五，活学活用从高价护理中得到的秘诀；

第六，大量使用可以在网上就能够买到的材料，没有地域限制；

第七， 为了更好地进行个人皮肤管理，我用季节来区分内容。

集合了这几条努力的产物，便成就了《美白水润只需 7 天——一学就会的四季精油护肤魔法》这本书。

最后，虽然不能一一列举在这本书完成过程中那些曾经给予我帮助的人的具体姓名，但是我还是要向所有的人表示感谢，谢谢大家。

COME ON！ 快来使用天然面膜吧，让我们的皮肤一年四季都水润！

李庆真

2011 年 6 月 1 韩国首尔

医生寄语

现代人对姣好皮肤的关注度越来越高，但是要衡量某种物品对皮肤的好坏这个问题，却变得相当困难。依我看来，能够有助于皮肤发挥自然功能，从而长期维持好皮肤的方法就是最好的方法。根据临床经验，比起充分吸收好的成分，坏的成分的反作用更明显。但是，一般人即使看了化妆品上的详细成分表，也会像听外星语一样不知所云，并不清楚什么样的物质对皮肤是有害的。

从高丽大学医学院毕业之后，我就在清潭洞开了这家名叫bloom的医院，像普通诊所一样接诊皮肤类疾病患者。那个时候我开始只吃素食，并对食物中的添加剂和详细的生产过程产生了浓厚的兴趣，也自然而然地开始关注饮食方面的信息，同时对使用的处方药也开始产生了种种的疑问。为了解决这些问题我买了很多书来系统地学习，并在工作室内自己制作产品，通过观察志愿者试用后的效果，我开始对皮肤有了更深入的了解。

随着对芳香疗法的深入研究，我认为应该从根本着手，针对个人体质或皮肤的具体状况来进行根本的治疗。这种治疗方法和目前如火如荼的综合医疗有着很深厚的联系，并得出了最重要的"通过增强身体自愈力进行治疗"的结论。为了增强身体的自愈力，要减少使用化学物质，选择适合自身皮肤的天然护肤品。虽然短时间内化学物质的功效很明显，但是从长远来看，天然物质对加强皮肤的保护性和减少皮肤压力有很大的帮助。

请大家开始关心自己的皮肤状态并留意随着环境的改变带来的皮肤变化吧！充分了解自己是件很重要的事情，只有这样才能选择适合的产品，让自己更加幸福健康。

清潭洞 Bloom 皮肤病医院院长 权龙贤

目录

Chapter1 ＼ 春季篇

Chapter2 ＼ 夏季篇

Autumn

Chapter3 ＼ 秋季篇

Winter

Chapter4 ＼ 冬季篇

美丽指南
1

在家制作天然面膜、按摩乳霜时有几点需要额外注意的。
制作并使用适合皮肤的面膜固然重要，但在开始制作之前请确认需要遵守的事项。

1. 电子秤和玻璃烧杯是必备物品！请保证计量准确和手部清洁。

2. 制作面膜之前，请将所需用具进行彻底的消毒。

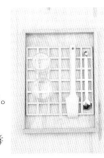

01 制作面膜之前，请用流水充分清洗用具。

02 将消毒酒精装入喷雾器。

03 节约备用材料，要在所用用具外充分地喷洒上消毒酒精。

04 等待自然干燥，或用厨房用纸擦拭。

提示：可以使用紫外线杀菌器具代替消毒酒精进行消毒

3. 在使用乳霜、乳液等试剂型物质制作面膜时，在两个烧杯中分别倒入相应的液体并加热至同一温度。这时需要更为细致的作业，请仔细确认。

01 将计量好的材料分别倒入烧杯 1（水状层）和烧杯 2（乳状层），电磁炉调至中火加热。

02 烧杯 2（乳状层）的温度上升较快，用玻璃棒搅拌并随时确认升温温度。

03 在烧杯 2 到达所需温度前从电磁炉上移开，并继续搅拌，通过余热提高温度。

例如，需要加热至 70℃，则应在温度达到 60℃时停止加热。

4. 天然粉末和精油虽易于使用，但根据皮肤状态或物质本身属性有可能产生副作用。使用前，建议在手腕、脖子后面或胳膊肘内侧做一下过敏测试。
如若出现副作用，请停止使用并及时前往皮肤科就诊。

接下来为您介绍电子秤、玻璃烧杯等按照配方（recipe）制作面膜时所需要的用具。

有些用具是必需品，有些器皿则是为了方便制作。

请按照个人需求进行准备。

电子秤 计量器具。是制作面膜、精油时的必备用具。

玻璃烧杯 建议 25ml、50ml、100ml、250ml、500ml 各准备一个。

消毒用酒精 用具消毒时所需的物品（item）。将酒精倒入喷雾器中使用，可以非常方便地进行消毒。

电磁炉（hot plate） 主要用来制作乳霜类面膜时加热材料。

温度计 制作乳液（emulsion）制品时用来确认温度，最好准备两个温度计。

试剂量勺 取用、加减粉末类材料时使用。

橡胶小勺 搅拌烧杯里的材料，或干净利落地把东西装入容器时使用。

玻璃棒 调配香薰精油（aroma oil）和基础油（Carrier oil）时使用。

玻璃滴管 为了正确计量油类所需的用具。

筛子 浸泡香料（herb）后滤出液体时使用。

玻璃容器 用于保管做好的面膜、乳霜等。

相对于一次性塑料制品，在此推荐的一次性塑料制品，无需担心玻璃容器对环境造成刺激和污染。若想要更为安全的保管，建议使用类似巴克斯酒瓶的褐色遮光玻璃瓶。

纸巾或纱布 用于擦拭烧杯或其他容器。比起一般纸巾来其粉尘更少，虽为纸制却不易撕破。

Spring

Chapter1
春季篇

百花齐放，天气渐渐回暖，非常适宜外出，
然而，沙尘、花粉、紫外线等因素却给我们的皮肤亮起了"红灯"，
所以我们要认真仔细地洗脸，精心呵护，为我们的皮肤注入营养和生机，
敏感性肤质可以用甘菊面膜，暗沉肤质可以先用提亮肤色的绿茶面膜，
被沙尘、花粉等折腾得疲惫不堪的眼睛可以用玫瑰眼膜来缓解，
春天，就应该丢掉烦恼，笑靥如花，每天都洋溢着粉红色的光芒。

甘菊面膜 舒缓镇静好帮手

甘菊对于因黄沙刺激而变得粗糙的皮肤有特定的镇静和保湿作用，可以帮助减少炎症，解决瘙痒等，使皮肤变得光滑如初。

尽管都是对小孩子都无损伤的天然成分，但是对菊花过敏的人士还是应该慎重使用。

准备工作：

器具：电子秤、100 毫升玻璃烧杯、玻璃棒、硅胶小勺、40 毫升玻璃容器

原料：有机玉米淀粉末 15 克，有机甘菊粉 1 克，纯净水 20 克，天然防腐剂 6 滴

制作约 40 毫升量的过程：

将 15 克玉米淀粉与 1 克甘菊粉混合。

注入 20 克纯净水，用玻璃棒仔细均匀搅拌。

贴士一：用薰衣草或橙花凝胶代替纯净水会更好。

加入防腐剂轻轻搅拌。如果只是要做一次使用的量，可以省略此步。

倒入容器，冷藏保存。

贴士二：因为冰的甘菊面膜有助于镇静皮肤，收缩毛孔。

使用方法：

洗脸后，保持脸部湿润的状态或者可以敷一层细纱布。避开眼睛和嘴部，在脸部其它部位轻轻涂抹，5 分钟后用温水洗净。

保存方法：

如果加入了防腐剂，需要冷藏保存。

绿茶面膜 让肤质重现生机

专门针对问题皮肤美白方案的处方笺！

绿茶特有的儿茶素具有杀菌作用。对于因强阳光的照射等对皮肤造成的伤害和老化有缓解作用。通过清洁毛孔和促进新陈代谢来帮助暗沉的肌肤重获生机。

贴士一：绿茶里所含的各种维生素可以有效对付肌肤起痘等问题，也能起到缩小毛孔的作用。

准备工作：

器具：电子秤，100 毫升玻璃烧杯，玻璃棒，硅胶小勺，40 毫升玻璃容器

原料：有机玉米淀粉末 13 克，有机绿茶粉 1 克，纯净水 25 克，天然防腐剂 6 滴

制作约 40 毫升的量的过程：

贴士二：比起纯净水，用绿茶滤液会更好。

01 将 15 克玉米淀粉与 1 克绿茶粉混合，放入玻璃烧杯中，并用玻璃棒搅拌。

02 注入 25 克纯净水，用玻璃棒搅拌混合。

03 加入 6 滴防腐剂，搅拌。

04 倒入容器。

使用方法：

　　洗脸后，保持脸部湿润的状态下，敷一层细纱布，用面膜刷在上面涂薄薄的一层。避开眼睛和嘴部，在脸部其它部位轻轻涂抹，5 分钟后用温水洗净。

保存方法：

　　如果加入了防腐剂，需要冷藏保存。

玫瑰精油眼膜 缓解疲劳充血肌

因粉尘，花粉过敏，过度频繁的眼部化妆，使用手机或电脑等造成眼部干燥和疲劳的时候，请尝试用一下亮白玫瑰精油眼膜。

可以强化毛细血管机能，对于疲劳充血的眼睛也有缓解作用。

适用时期：眼睛有充血，眼睛僵涩疲劳，眼睛干燥刺痛
使用次数：一日两次
使用期限：一个月

准备工作：

器具：电磁炉，100 毫升玻璃烧杯 2 个，玻璃棒，50 毫升玻璃容器
原料：纯净水 50 毫升，玫瑰营养精油 1 滴，橄榄油 1 滴，天然防腐剂 6 滴

制作约 50 毫升的量：

把 50 毫升的纯净水放在电磁炉上加热到 35℃。

小贴士：水温如果超过 40℃，会破坏精油的成分；水温如果过低，玫瑰精油的蜡质成分会遭到分离，效果不会很理想。

在另一个玻璃烧杯中滴入 1 滴玫瑰精油 1 滴橄榄油并混合。

滴入 5 滴防腐剂。

把第一步和第二步中的液体用玻璃棒搅拌混合。

把做好的液体倒入容器中，冷藏保存。

使用方法：

把化妆棉放在做好的液态膜中充分浸泡 5~10 分钟，然后放在眼睛周围上。夏季的话，可以把浸泡过的化妆棉稍微冷冻一下再使用。除了眼部皮肤外，毛细血管有扩张现象的皮肤都可以使用。如果在使用时有眼睛充血的现象发生，最好立即到专门的眼科医生处就医。

保存方法：

冷藏保存

注意事项：

禁止直接涂在眼睛上。孕妇慎用。

13 种香草发膜 防脱发有办法

你还在为脱发而烦恼吗？脱发的担心到此为止！13 种防脱发香草发膜可以帮助我们有效去除头发堆积的毒素和废物，给予头皮充分的营养，使头发从发根开始变得健康。

需要注意的是孕妇，癫痫病人，高血压患者禁止使用。

适用时期：脱发时
使用次数：一周三次
使用期限：一个月

准备工作：

器具：电磁炉，电子秤，250毫升玻璃烧杯，2个100毫升玻璃烧杯，试剂量勺，温度计，保鲜膜，40毫升玻璃容器，纸巾或者纱布，50毫升玻璃容器

药汁原料：纯净水100克，13种韩方香草（绿茶，黑芝麻，何首乌，桑白皮，甘草，枸杞叶，当归，石菖蒲，艾叶，桑枝，苦参，甘菊，迷迭香）
防脱毛面膜原料：13种韩方香草药汁原料47.8克，有机甘油1克，黄原胶0.3克，天然防腐剂10滴，香根草精油3滴，迷迭香精油5滴。

使用方法：

洗发后，均匀地将发膜涂在湿润的头皮上，用指尖轻轻拍打和按摩头皮5分钟，最后用温水漂洗干净。

制作约50克的量：

药汁制作：

01 将准备好的13种韩方香草放在250毫升的玻璃烧杯中，放入100克纯净水。

02 在玻璃烧杯口上盖上保鲜膜，把玻璃烧杯放在电磁炉上，用中火烧到80℃左右，不超过80℃，维持浸泡30分钟。

03 把液体用纱布过滤在100毫升的玻璃烧杯中。

贴士一：香根草可使发根变得更坚实，迷迭香可改善油性和脱发严重的头皮。

贴士二：避免阳光直射，放置在阴凉处保存。

防脱发面膜制作：

04 另取一个玻璃烧杯，放入1克有机甘油和0.3克黄原胶并混合。然后放入47.8克13种韩方香草药汁，均匀混合。

05 把第四步中的玻璃烧杯用中火加热，并不停搅拌。到50℃的时候，拿下玻璃烧杯，再等五分钟左右后，再搅拌，可以看到发膜粘度会有所增加。

06 玻璃烧杯温度下降到40℃以下的时候，适量放入天然防腐剂，香根草精油和迷迭香精油，并混合搅拌。

07 把发膜倒入容器中，避免阳光直射，放在阴凉处，保持室温放置，一天后方可使用。

桃金娘精油面膜 收缩毛孔立竿见影

桃金娘精油具有收敛效果，对于毛孔粗大的人来说很不错。

此外，对于有痘痘烦恼和问题皮肤的人们来说，它的杀菌和再生效果也非常难得。

桃金娘精油面膜，从皮肤的问题和烦恼中彻底解救你。

适用肤质：有痘痘困扰的问题肌肤，毛孔粗大的肌肤
使用次数：一周三次
使用时间：一个月

贴士一：去旅行的时候，打包时别忘了，它也是很好的一个东西哦。

准备工作：

器具：电子秤，100毫升玻璃烧杯，玻璃棒，有机纯棉面膜纸4张，遮光拉链袋

原料：橄榄液2滴，桃金娘精油2滴，有机甘菊液30克，纯净水38克，有机甘油1.4克，天然防腐剂8滴

制作70克（4张面膜）的量：

在玻璃烧杯中滴入2滴橄榄液和2滴桃金娘精油，并混合。

把面膜纸折叠整齐放置。

使用方法：

洗脸后，拍上化妆水。过一会后，把面膜纸均匀地敷在脸上，大概5~15分钟后揭下即可。

把第一步中的液体和30克的甘菊液，38克的纯净水混合，搅拌。

把第三步的液体倒在第四步的面膜纸上，摇晃使面膜纸浸透。避免阳光直射放在阴凉处，常温下放置一天。

保存方法：

冷藏保存或者放在避光阴凉处。

放入1.4克的有机甘油和8滴防腐剂，搅匀。

贴士二：如果当天做完最好立马做完，可以不放入防腐剂。

珍珠颈膜 预防脖子老化

　　珍珠颈膜可以帮您抹去印在颈部的年龄——皱纹。

　　水溶性珍珠粉可以使皮肤维持弱酸性，提高皮肤的免疫力，防止肌肤老化。

　　放入有助于抑制皮肤老化和可以改善皱纹的摩洛哥坚果精油，乳香，芍药精油，效果会更加明显。

适用肤质：老化皮肤，皱纹多的皮肤
使用次数：一日一次
使用时间：三个月

贴士一：像摩洛哥坚果油和榛子精油这些物质，如果加热到80℃以上的话，其中的营养成分会被破坏，所以一定要小心温度。

准备工作：

器具：电磁炉，电子秤，250毫升玻璃烧杯（玻璃烧杯1），50毫升玻璃烧杯（玻璃烧杯2），温度计2个，玻璃棒，试剂量勺，硅胶勺，50毫升玻璃容器

原料：纯净水34.1克，摩洛哥坚果油10克，榛子精油1滴，芍药清油1滴

制作50克的量：

01 在玻璃烧杯1中放入纯净水，玻璃烧杯2中放入摩洛哥坚果油，榛子精油，橄榄蜡，充分混合。

02 把玻璃烧杯1，2都放在电磁炉上，中火加热到70℃。参照12页第三条。

03 等两个玻璃烧杯都到了70℃的时候，把玻璃烧杯1的一半液体倒入玻璃烧杯2中，用勺子搅拌混合约5秒的时间。

04 把第三步中的液体全部倒入玻璃烧杯1中，一直搅拌到感觉液体的油质出来为止，大概10分钟左右。

05 把珍珠粉和防腐剂放入第四步生成的液体中，均匀混合。

06 把乳香和芍药精油放入第五步的玻璃烧杯中，搅拌，就完成了。倒入容器中，放在室温下，阴凉处，避免阳光直射，放置一天左右。

贴士二：孕妇禁止使用。

使用方法：

晚上洗澡沐浴后，睡前取适量涂抹在颈部。早晨起床后，用温水洗净即可。

保存方法：

冷藏保存。

防脱发按摩油 勇敢对脱发 Say Goodbye

有效治疗因压力造成的溢脂性脱发的按摩精油。

富有丰富的维他命和矿物质的荷荷芭油可以给予头皮足够营养，使头发更健康。

对付溢脂性皮肤效果很好的雪松，有杀菌，解热等作用的罗马洋甘菊放入了调节皮脂分泌的柠檬等对头皮效果不错的精油，更使得效果达到满分。

准备工作：

器具：50 毫升的玻璃烧杯，玻璃棒，30 毫升吸管，玻璃容器
原料：有机荷荷芭油 30 毫升，有机阿特拉斯雪松精油 1 滴，有机罗马洋甘菊精油 1 滴，有机柠檬精油 3 滴，有机茶树精油 1 滴

制作约 30 毫升的量：

 量取 30 毫升的荷荷芭油放入玻璃烧杯中。

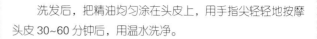

使用方法：

洗发后，把精油均匀涂在头皮上，用手指尖轻轻地按摩头皮 30~60 分钟后，用温水洗净。

保存方法：

避免阳光直射，阴凉常温处保存。

 滴入雪松精油，罗马洋甘菊精油，有机柠檬精油，有机茶树精油等，并混合。

注意事项：

孕妇，对菊花过敏者，对抗生素过敏者禁止使用本产品。晚上使用本产品。

 倒入容器中，并放在常温避免阳光直射的阴凉处，让其熟化一天的时间。

金盏花大麻子精油 过敏性患者的福音

为了缓解过敏性皮肤的瘙痒和干燥问题，我们郑重地向大家介绍这款精油。

该精油是用金盏花，大麻子精油等制作而成，对皮肤的再生有很大的功效。

该精油含有对敏感性皮肤很有功效的维生素 E，可以更高效地促进皮肤的水分供给，促进皮肤血液循环。

推荐适用肤质：过敏性肌肤和干燥的皮肤
使用次数：一日三次
使用期限：三个月

贴士：薰衣草精油对于脓疮，过敏，湿疹，疥疮等一类皮肤病都有良好的效果。

准备工作：

器具：电子秤，100 毫升玻璃烧杯，玻璃棒，50 毫升玻璃容器

原料：有机金盏花浸泡油 30 克，有机大麻子油 15 克，有机玻璃苣油 4.5 克，天然维生素 E0.5 克，有机蜡菊精油 1 滴，有机罗马洋甘菊精油 2 滴，有机薰衣草精油 2 滴

制作约 50 克的量：

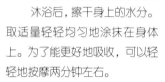

01 把有机金盏花浸泡油 30 克，有机大麻子油 15 克，有机玻璃苣油 4.5 克都放进玻璃烧杯中，并均匀混合。

02 然后再放入 0.5 克的维生素 E，然后均匀混合。

03 滴入有机蜡菊精油 1 滴，有机罗马洋甘菊精油 2 滴，有机薰衣草精油 2 滴，混合搅拌。

04 倒入容器中，放置在避免阳光直射的阴凉处，室温下保存一天，让其充分混合。即可使用。

使用方法：

　　沐浴后，擦干身上的水分。取适量轻轻均匀地涂抹在身体上。为了能更好地吸收，可以轻轻地按摩两分钟左右。

保存方法：

　　放置在避免阳光直射的阴凉处，室温下保存。

注意事项：

　　孕妇，低血压患者，对菊花过敏人群，哺乳期人士禁止使用。

薄荷面膜 安神镇静治头痛

　　你以为面膜只有针对皮肤的吗？不，现在是时候抛弃这种偏见了！一阵阵地，不时地疼痛……

　　这样的时候，把这个治头痛的面膜敷在额头上。对于头疼脑热等都有卓越效果。

准备工作：

器具：电子秤，100 毫升玻璃烧杯，试剂量勺，玻璃棒

原料：海草面膜粉 5 克，有机茶树粉 1 克，有机薄荷粉 1 克，纯净水 18 克，德国甘菊精油 1 滴，苏格兰松树精油 2 滴

制作约 30 毫升的量：

把海草面膜粉 5 克，有机茶树粉 1 克，有机薄荷粉 1 克都放在玻璃烧杯中，并混合。

倒入 18 克纯净水，充分混合。

然后再滴入德国甘菊精油 1 滴，苏格兰松树精油 2 滴，混合即可。

使用方法：

用面膜棍把面膜在额头上厚厚地涂一层，保持最少 10~60 分钟。涂抹面膜，等到面膜凝固后，就可以揭去了。没有弄干净的部分，可以用天然海绵蘸水擦去。幼小儿童，孕妇禁止使用。

保存方法：

随着时间的流逝，面膜会凝固，所以建议即做即用。如果想下次使用的话，可以把粉末提前混合好，只在使用前加入纯净水和精油，混合制作后，再使用也可以。

贴士：如果使用有温度的纯净水的话，在制作过程中面膜很容易凝固，所以建议使用冷藏保存的凉水。在制作过程中，多次加入冷水并搅拌的话，粉末更容易混合和搅拌。

草莓沐浴露 轻轻松松去角质

　　散发着幽香的草莓，其香味可以使心情都变得甜美起来。今天我们要介绍的就是用草莓做成的沐浴露。

　　完全无刺激，轻柔地去除角质，还你的皮肤以明亮和干净透亮。

　　把沐浴露放入水中溶解，可以使水质呈现跟人皮肤 PH 值相近的弱酸性，这样在沐浴的时候感觉会很舒适和温和。

推荐适用肤质：干燥的皮肤，老化的肤质

使用次数：一周三次

使用期限：两个月

准备工作：

器具：电子秤，250毫升玻璃烧杯，塑料膜，试剂量勺，250毫升玻璃容器

原料：碳酸100克，柠檬酸50克，有机玉米粉29克，有机草莓粉20克，有机玫瑰花瓣香草1克

制作约200克（250毫升）的量：

01 在玻璃烧杯里垫上一层保鲜膜后，放入碳酸100克，柠檬酸50克和有机玉米粉29克。

02 之后再放入有机草莓粉20克和有机玫瑰花瓣香草1克。

03 用手将塑料膜封上口，充分摇晃，以使其中的粉末充分混合。

04 盛入容器中。

使用方法：

　　全身浴（200克），半身浴（100克），足浴，泡澡或洗脸时，用温水溶解，然后使用。敷大概5~20分钟后，用温水轻轻地洗净即可。在泡脚时，可以用凉水溶解，然后放入水中使用。

保存方法：

　　放置在避免阳光直射的阴凉处，室温下保存。夏天时空气中水分较多，为了防止粉末吸收水分结块，建议尽量在一个月内使用完。

洗手凝胶 杀菌又呵护

　　该凝胶放入了具有很好的杀菌，杀虫效果的绿茶精油和苏格兰松精油等，可以保持双手清洁。

　　现在开始，即便是在没有水的地方，也可以保持双手清洁哦。

ECÓ
THERAPHY
pure from natural
without additives
No synthetic color
fragrance, preservative

ECÓ
THERAPHY
pure from natural
without additives
No synthetic color
fragrance, preservative

适用时间：没有水，但是需要洗手的时候
使用次数：一日两次
使用期限：一个月

准备工作：

器具：电磁炉，电子秤，100 毫升玻璃烧杯，玻璃棒，温度计，试剂量勺，挤花袋，50 毫升试管容器
原料：有机甘油 5 克，瓜尔豆胶 0.5 克，纯净水 29 克，无水酒精 15 克，有机绿茶精油 6 滴，有机苏格兰松精油 4 滴

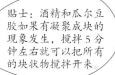

> 贴士：酒精和瓜尔豆胶如果有凝聚成块的现象发生，搅拌 5 分钟左右就可以把所有的块状物搅拌开来。

制作约 50 毫升的量：

01　在玻璃烧杯中放入有机甘油 5 克和瓜尔豆胶 0.5 克，并用玻璃棒搅拌混合。

02　放入 29 克的纯净水，慢慢搅拌混合。

03　把电磁炉调到中火，放上玻璃烧杯，用玻璃棒轻轻搅拌加热到 50℃。

04　将第三步中的液体放置，温度降到 30℃ 以下的时候，放入 15 克无水酒精，搅拌混合。

05　在第四步中的液体里滴入有机绿茶精油 6 滴和有机苏格兰松精油 4 滴，搅拌混合。

06　把第五步中的液体慢慢均匀混合，用挤花袋挤到试管容器中，之后放到阴凉处，避免阳光直射，放置一天左右使其充分混合。

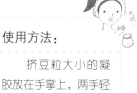

使用方法：

挤豆粒大小的凝胶放在手掌上，两手轻轻揉搓使用。

保存方法：

放置在避免阳光直射的阴凉处保存。

注意事项：

对于抗生剂过敏的人群在使用时，如若出现不适状况，请停止使用。过多地使用该凝胶可能会让手干燥，所以如果需要经常使用的话，请涂上足够的保湿剂。

揉搓式精油 减轻肌肉酸痛

　　肌肉酸痛和刺痛时，比起贴一个膏药来，亲自滚搓按摩会有效得多，能够有效减缓疼痛。

　　滚搓按摩可以使淋巴系统循环中堆积的废物排泄物和毒素顺畅地排出，也能够缓和肌肉疼痛和肌肉痉挛等引起的疼痛。

准备工作：

器具：电子秤，25毫升玻璃烧杯，玻璃棒，15毫升滚搽玻璃容器
原料：有机荷荷芭油12克，麦卢卡树精油3滴，有机甜马郁兰精油2滴，有机薄荷精油1滴，生姜精油2滴，
有机葡萄柚精油1滴

制作约12克（15毫升）的量：

01 在玻璃烧杯中放入有机荷荷芭油12克。

02 接着在玻璃烧杯中按分量放入麦卢卡树精油，有机甜马郁兰精油，有机薄荷精油，生姜精油和有机葡萄柚精油。

03 用玻璃棒慢慢搅拌，均匀混合。

贴士一：荷荷芭油对于关节炎有很好的效果。

04 把第三步中的液体倒入容器中，放置在避免阳光直射的阴凉处，室温下保存一天，让其充分混合。

贴士二：麦卢卡树精油，薄荷精油，葡萄柚精油有很好的镇痛效果。

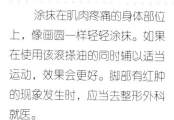

使用方法：

　　涂抹在肌肉疼痛的身体部位上，像画圆一样轻轻涂抹。如果在使用该滚搽油的同时辅以适当运动，效果会更好。脚部有红肿的现象发生时，应当去整形外科就医。

保存方法：

　　放置在避免阳光直射的阴凉处保存。

注意事项：

　　该精油因为有一点感光性，会有少许色素沉淀的现象发生。所以涂抹了该精油的部位尽可能地不要暴露在直射的阳光下。婴幼儿，孕妇，癫痫病人，高血压患者，对于菊花过敏的人群，都禁止使用这款精油。

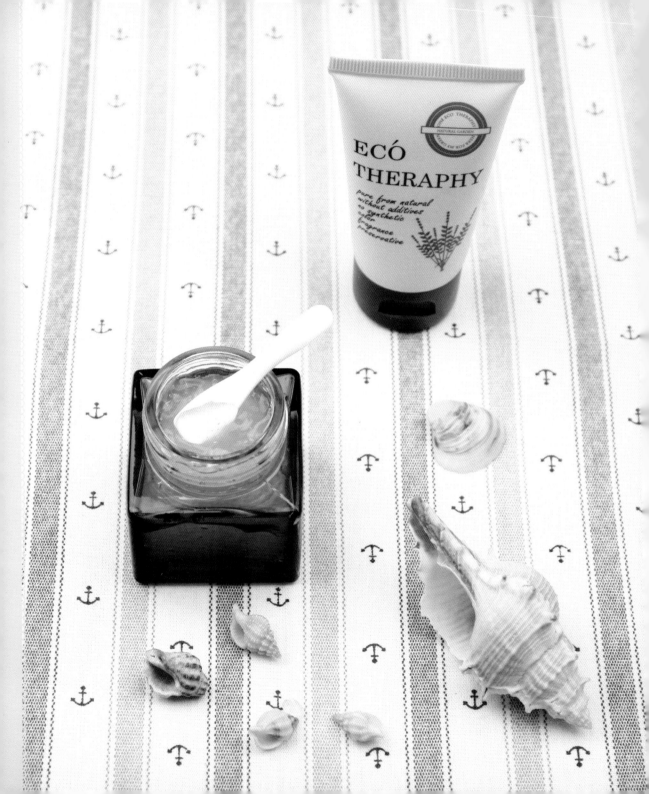

Chapter2
夏季篇

强烈的紫外线，短袖衣服……很自然地就让人想起可怕的夏天。

为了适皮肤不受紫外线的伤害，涂了很多紫外线隔离霜，但是皮肤依然会被晒红晒伤，很无奈吧。

这时候用芦荟＆薰衣草防晒修复膜可以有效去除皮肤长期积累的热气，苹果面膜可以帮助除去长期沉淀生成的累累斑痕。

如果没有办法阻挡紫外线的话，试试用面膜来保护你的皮肤吧。

与其用穿着比较暴露的衣服让人们的视线集中在你身上，不如可以用昂首挺胸的按摩精油和S曲线按摩精油。

燃烧脂肪团按摩油可以帮你重塑好身材，让视线集中在你身上。

S 曲线按摩精油 有效分解脂肪团

可以分解脂肪团，拯救好身材的按摩精油。

澳洲坚果油可以让身体里的脂肪分解，这些脂肪的存在会使体温上升。

荷荷芭油可以分解身体里的脂肪。雪松精油，柏树，酸橙可以使缓慢循环的体液系统重新开始畅快地运行，促进堆积得越来越多的脂肪的燃烧。

推荐适用肤质：所有类型的肤质

使用次数：一周三次

使用期限：三个月

准备工作：

器具：50 毫升玻璃烧杯，玻璃棒，30 毫升玻璃吸管

原料：澳洲坚果精油 200 毫升，有机荷荷芭精油 10 毫升，有机西洋杉精油 3 滴，法国丝柏精油 5 滴，酸橙精油 4 滴

制作约 30 毫升的量：

把 20 毫升的澳洲坚果精油和 10 毫升的有机荷荷芭精油放入玻璃烧杯中，并用玻璃棒搅拌混合。

接着再滴入有机西洋杉精油 3 滴，法国丝柏精油 5 滴，酸橙精油 4 滴，慢慢均匀搅拌混合。

最后倒入容器中，放置在避免阳光直射的阴凉处，室温下保存一天，让其充分混合。

使用方法：

把精油倒在手掌上搓一会儿会有变热的感觉，接着把它用手掌和手指涂在身体上觉得有脂肪团的部位，或者是身体脂肪堆积多的部位，或者是想要缓和一下浮肿的部位，涂的时候像画圆一样轻轻地在身上按摩 3~5 分钟。按摩完后，用温热的湿布把多余的精油擦去，这时候如果再喝点温热的茶或温水会感觉更好。在按摩完成后四个小时以后，才能够洗澡沐浴，当然，如果能辅以同时运动，效果会更好。

保存方法：

保存的时候，请放置在避免阳光直射的阴凉处。

白天使用完，暴露在日光下的话，很有可能会有红色斑点，肿块，瘙痒，色素沉淀的现象发生，所以为了避免这种情况，建议在晚上使用该精油。

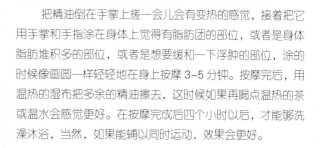

贴士：对于坚果类东西过敏的人在使用前，请先在身体的一小块部分涂一点测试一下是否过敏，之后再决定是否使用。孕妇，高血压患者，静脉瘤患者禁止使用。

天然苹果面膜 瞬间变白雪公主

　　想要跟白雪公主一样皮肤雪白吗？不是吃出来的，是抹出来的。苹果里富含的果胶可以收缩毛孔，同时里面的多酚成分可以使皮肤变得更白，防止皮肤老化。

　　此外，这款苹果面膜还可以帮助去除皮肤里的活性酸素，改善肤色，使其变得红润，从而达到更好的美白美肤效果。

推荐适用肤质：暗沉皮肤，有斑痕的皮肤，痘痘肌肤

使用次数：一周两次

使用期限：当时使用

贴士一：仅仅使用苹果粉末做面膜的话，脸会有骚痒和变红的现象发生。但是同时使用佛手柑的话，就不用担心这种情况的发生了。

准备工作：

器具：电子秤，100 毫升玻璃烧杯，试剂量勺，玻璃棒

原料：天然海藻面膜粉 8 克，苹果粉末 2 克，冷纯净水 30 克，有机佛手柑精油 1 滴

制作约 40 克的量：

把 8 克天然海藻面膜粉和 2 克苹果粉末放入玻璃烧杯中，充分混合。

把 30 克的纯净水分几次慢慢倒入玻璃烧杯中，边倒边搅拌，不要有块状的出现。

滴进 1 滴有机佛手柑精油，并混合。

一直搅拌到面膜出现像细纱一样的状态为止。

贴士二：佛手柑精油有很好的镇静效果，可以调和肤色，使肌肤明亮。

使用方法：

把面膜涂在脸上，厚厚地涂一层，避开眼睛和眼睛周围。大概 20 分钟后，按照从下巴到额头的方向掀起面膜。如果掀得不是很干净，可以用天然海绵蘸水，然后轻轻地擦去。

保存方法：

随着放置时间变长，面膜会变硬凝结成块，所以每次只做一次的量，做完尽快用完即可。如果想储存之后使用的话，可以先把粉末混合好，在使用之前倒入纯净水混合搅拌就可以。

注意事项：

佛手柑具有感光性，如果暴露在紫外线下，会产生很严重的色素沉着的现象，甚至可能会灼伤皮肤，所以一定要在晚上使用该面膜。孕妇和皮肤敏感人群，尽量不要使用。

按摩精油让你昂首挺胸

先暂时抛弃塑形内衣，用按摩精油来使你的胸部变得更傲人吧！

一天只需要一次，一次只要 10~20 分钟的按摩，加上其中的三种芳香精油，可以有效调节身体的荷尔蒙平衡，就可以体验到引人注目的与众不同的弹力肌肤。

按摩后，要用温水洗去精油。

推荐适用肤质：所有肤质（适合 20 岁以上的女性）
使用次数：一天一次
使用期限：三个月

准备工作：

器具：50 毫升玻璃烧杯，玻璃棒，30 毫升玻璃吸管
原料：有机甜杏精油 25 毫升，有机夜来香精油 5 毫升，有机伊兰纯精油和伊兰提取物精油 2 滴，有机天竺葵精油 2 滴，有机快乐鼠尾草精油 2 滴

制作约 30 克的量：

在玻璃烧杯中放入 25 毫升有机甜杏精油和 5 毫升有机夜来香精油，并轻轻搅拌。

使用方法：

按摩第一步：用两手顺着胸部的曲线从里到外，像画圆一样充分按摩大概 10~20 分钟。

按摩第二步：提起一侧的胳膊放到脖子后面，然后从胸部外部到内部的顺序推挤按摩。

按摩第三步：从胸部外边起向着锁骨方向，作斜线按摩。

接着放入有机伊兰纯精油和伊兰提取物精油 2 滴，有机天竺葵精油 2 滴，有机快乐鼠尾草精油 2 滴，再混合。

保存 & 注意事项：

请放置在避免阳光直射的阴凉处，室温下保存。

对坚果类过敏的人群，孕妇，正在哺乳期的女性，正在月经期的女性，低血压患者，酒精中毒者，嗜酒之人应慎用此品。

最后倒入容器中，放置在避免阳光直射的阴凉处，室温下保存一天，让其充分混合。

芦荟 & 薰衣草面膜 防晒修护你的宝贝肌

　　完全没有毒素的皮肤"美白剂"，想要减少皮肤长期堆积的热气而制作的晒后修复面膜中，放入芦荟是最明智的选择。如果能放入可以减少热气降温败火的香草和薰衣草，效果会更好。

　　薰衣草可以使热气减少，很明显地减轻皮肤的灼热感和疼痛感，也可以帮助迅速恢复细胞再生，对于长期暴露在阳光下变得无力无光的皮肤恢复很有效果。

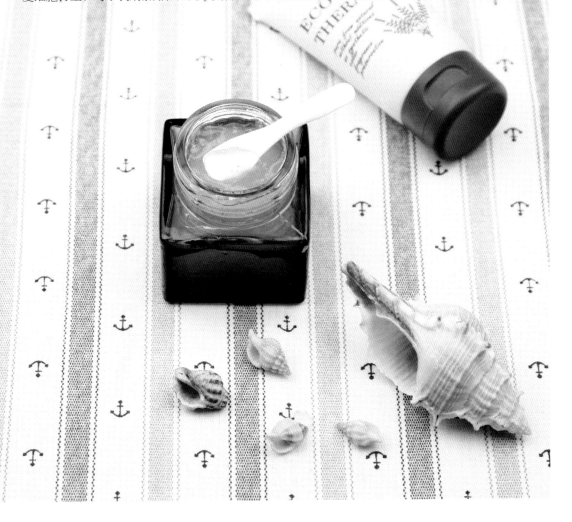

推荐适用肤质：被晒黑的皮肤，毛细血管扩张的皮肤，红色的皮肤，长期暴露在阳光下的皮肤
使用次数：一天两次
使用期限：两个月

准备工作：

器具：电子秤，100 毫升玻璃烧杯，玻璃棒，硅胶勺，50 毫升玻璃容器
原料：橄榄液 2 滴，有机薰衣草精油 2 滴，芦荟凝胶 44.6 克，有机甘菊花粉 5 克，天然防腐剂 4 滴

制作约 50 克的量：

01 在玻璃烧杯中放入橄榄液 2 滴和有机薰衣草精油 2 滴，用玻璃棒轻轻搅拌混合。

04 然后再放入 4 滴天然防腐剂，慢慢均匀搅拌。

使用方法：

洗脸后，拍上化妆水，取适量涂抹在脸上和身上。之后用手或指尖轻轻拍几下，让其充分渗入到皮肤里被吸收。冷藏状态下使用最佳。

05 最后将所有液体倒入容器中，放置在避免阳光直射的阴凉处，室温下保存一天，让其充分混合。

保存 & 注意事项：

冷藏保存。

对芦荟过敏，低血压患者，孕妇避免使用。

02 量取芦荟凝胶 44.6 克放入其中，并用硅胶勺轻轻混合搅拌。

贴士：用挤花袋把面膜放入到试管容器中，更方便随身携带。

03 放入 5 克有机甘菊花粉并混合。

纯纸质面膜 精心打造你的美白肌

美白面膜可以强化皮肤机能，有很卓越的滋补效果。

可以提亮暗沉肤色和有斑痕的皮肤。

同时也能改善痘印，对于被晒后变黑的皮肤也可以起到镇定作用。

有效抵制皮脂腺的分泌，从而减少痘痘带来的烦恼，是对皮肤呵护很好的面膜。

推荐适用肤质： 暗沉肤质，有斑点的皮肤，痘痘皮肤

使用次数： 一天三次

使用期限： 一个月

准备工作：

器具： 电子秤，100 毫升玻璃烧杯，玻璃棒，有机纯棉面膜纸四张，遮光拉链袋

原料： 橄榄液 2 滴，苦橙精油 1 滴，1 滴有机广藿香精油，30 克有机薰衣草花粉末，38.4 克纯净水，1 克有机甘油，8 滴天然防腐剂

制作约 70 克的量：

 在玻璃烧杯中放入橄榄液 2 滴，苦橙精油 1 滴，和 1 滴有机广藿香精油，混合。

 把纯棉面膜纸放入拉链遮光袋中。

使用方法：

用温水洗脸后，拍上化妆水，在睡前把面膜纸敷在脸上大概 5~15 分钟后揭去。

 然后再放入 30 克有机薰衣草花粉末和 38.4 克纯净水，混合。

 把液体倒入拉链遮光袋中，摇晃几次让面膜纸能够完全被液体渗透。然后放置在避免阳光直射的阴凉处，室温下保存一天，让其充分混合。

保存 & 注意事项：

冷藏保存。
孕妇避免使用。

 接着放入 1 克有机甘油和 8 滴天然防腐剂，也都混合起来。

贴士：如果做完马上就要使用的话，只需要放入甘油即可，防腐剂可以不用放入。

蜜柑亮发发膜 瞬间拥有丝般柔顺的秀发

经常性地烫发，染发，吹头发，使用卷发棒会使头发变得脆弱分叉，该发膜可以使头发重新焕发柔顺和光滑。发膜里的红蜜柑精油可以使头发变得柔顺和结实。好了，现在就开始挑战一下如丝般光滑柔顺的秀发吧！

推荐适用发质：损伤发质，干燥发质，容易翘起来不好打理的头发

使用次数：一天一次

使用期限：三个月

准备工作：

器具： 电磁炉，电子秤，25毫升玻璃烧杯（玻璃烧杯1），500毫升玻璃烧杯（玻璃烧杯2），试剂量勺，温度计，玻璃棒，保鲜膜，330毫升玻璃容器

原料： 3克橄榄液，有机红蜜柑精油3克，24克枸橼酸，300克纯净水

制作约330克的量：

　　在玻璃烧杯1中放入3克橄榄液，有机红蜜柑精油3克，并用玻璃棒搅拌，然后用保鲜膜包起来。

　　接着在玻璃烧杯2中放入24克枸橼酸和300克纯净水。

贴士：枸橼酸是橙子系列的水果中富含的一种成分，一般用在皮肤和毛发类的产品中，可以作用酸性调节剂，有效调节其酸性。

　　把电磁炉调到中火，然后放上玻璃烧杯2，维持42℃的温度，边用玻璃棒搅拌，使枸橼酸能够完全溶解进去。

　　最后把玻璃烧杯1中的液体倒入玻璃烧杯2中，搅拌混合。

　　把最后的液体倒进容器中，放置在避免阳光直射的阴凉处，正常室温下保存一天，让其充分混合。

使用方法：

　　用洗发液洗发后，取发膜放入烧酒杯中，大概取一半的量，接着用手指搅拌。然后把足量的发膜抹在头发和全部头皮上，接着用指尖轻轻地均匀按摩头发约1~2分钟。最后用温水洗净即可。

保存&注意事项：

　　放置在避免阳光直射的阴凉处，室温下保存。

　　注意尽量不要用指甲挠头皮。

燃烧脂肪团的按摩浴盐

　　燃烧脂肪团按摩浴盐，让你重新找回苗条的身姿。

　　死海浴盐富含丰富的矿物质，可以让皮肤变得光滑和细嫩，可以持久地保持皮肤的湿润。同时芳香对缓和疥疮也有卓越的效果。放入了可以帮助燃烧脂肪的荷荷芭精油，让燃烧脂肪的效果十分显著。

准备工作：

器具：粉碎机，电子秤，100毫升玻璃烧杯，试剂量勺，玻璃棒，100毫升玻璃容器
原料：60克海浴盐，39克荷荷芭油，10滴甜茴香精油，10滴有机杜松子精油

制作约100克的量：

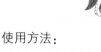

 取60克死海浴盐，用搅拌机研磨成很细的粉。

 把第一步中的浴盐放到第三步的液体中，然后混合。

使用方法：

洗澡沐浴后，在皮肤还湿润的状态下，取适量轻轻涂抹，接着用手轻轻地按摩5分钟左右，最后用温水洗净即可。

 在玻璃烧杯中放入39克荷荷芭油。

 把最后的液体倒进容器中，放置在避免阳光直射的阴凉处，室温下保存一天，让其充分熟成。

保存方法：

放置在避免阳光直射的阴凉处，常温保存。

 在第二步生成的液体中倒入10滴甜茴香精油和10滴有机杜松子精油，并均匀混合。

注意事项：

孕妇，哺乳期妇女，癫痫患者，肝机能指数过高的患者，有关荷尔蒙的癌症患者，心脏病患者，甲状腺机能亢进患者等最好避免使用该面膜。

排毒软泥膜 去浮肿就这么简单

　　腿出现浮肿的原因是有很多种的。比如一整天站着工作，一直穿着超高跟的鞋，穿着紧裹在身上的衣服等，都会使腿变得疲劳，变得浮肿。

　　睡觉前，感觉到腿像灌了铅一样重的时候，可以使用这个膜。其中含有的杜松子精油，葡萄柚精油对于缓解肌肉疼痛和疲劳，促进血液循环有很好的效果。从而让你第二天更有精神，心情更好。

最佳使用时间：腿部有肿的现象出现时，身体有浮肿的现象出现时

使用次数：一天一次

使用期限：一个月

准备工作：

器具：电子秤，250毫升玻璃烧杯，橡胶勺，50毫升玻璃容器

原料：30毫升有机绿粘土，15克有机玉米淀粉粉末，5克有机美容用盐，35克纯净水，5滴有机杜松子精油，5滴有机葡萄柚精油

制作约50克的量：

贴士一：绿粘土对于帮助去除身体里长期积累的毒素和废弃物很有效果。

贴士三：配合以足浴或淋浴使用，效果会更佳。

把30毫升有机绿粘土，15克有机玉米淀粉粉末和5克有机美容用盐放入玻璃烧杯中，将其混合。

然后在玻璃烧杯中注入35克的纯净水，慢慢地混合起来。

贴士二：葡萄柚可以有效缓解肌肉的疲劳，帮助排出体内毒素。

然后滴入5滴有机杜松子精油和5滴有机葡萄柚精油，并慢慢均匀搅拌。

把最后的液体倒进容器中，放置在避免阳光直射的阴凉处，室温下保存一天，让其充分混合。

使用方法：

取适量该产品，从脚后跟到脚踝，小腿全部均匀地涂抹，然后按照从脚踝到膝盖的顺序慢慢往上轻轻地按摩约三分钟左右。5~10分钟后，用温水洗去即可。

保存 & 注意事项：

放置在避免阳光直射的阴凉处，常温保存。

孕妇，敏感性皮肤，心脏病患者，肝功能指数过高的患者禁止使用。因为该产品稍微带有感光性，使用后，要注意避免暴露在有紫外线的环境中。

芳香制剂 有效避免蚊虫叮咬

　　虫子叮咬的地方，一定要使用的防虫咬剂！！这是用具有杀菌，消炎，止痛等效果的芳香精油制作而成的芳香制剂。把它涂抹在伤口处可以消毒，减少骚痒感，帮助促进皮肤再生。

　　外出散步或登山时，出去遛弯时随身携带都很有作用。使用过这款芳香制剂的人，都对它赞赏有佳。

最佳使用时间：被虫子叮咬的时候

使用次数：不限次数

使用期限：三个月

准备工作：

器具：电子秤，25毫升玻璃烧杯，玻璃棒，15毫升不锈钢钢珠滚搽式玻璃容器

原料：7克无水酒精，1滴法国有机甘菊精油，3滴有机薰衣草精油，2滴有机绿茶精油，3滴有机薄荷精油，3克琼崖海棠精油

制作约10克（15毫升）的量：

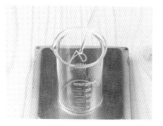

　量取7克的无水酒精。

贴士一：如果想给小孩使用，在制作的时候不要放入薄荷精油。

　把1滴法国有机甘菊精油，3滴有机薰衣草精油，2滴有机绿茶精油，3滴有机薄荷精油滴入玻璃烧杯中，将其充分混合。

贴士二：琼崖海棠精油对于皮肤的斑疹，小疙瘩和擦伤等各种皮肤炎都有很好的效果。

　然后在玻璃烧杯中放入3克海棠精油，并用玻璃棒搅拌，使其充分混合起来。

　把最后的液体倒进容器中，放置在避免阳光直射的阴凉处，室温下保存一天,让其充分混合。

使用＆保存方法：

　　在被蚊虫叮咬的部位涂抹使用。应该放置在避免阳光直射的阴凉处，常温保存。

注意事项：

　　对菊花过敏人群，对抗生素过敏的人群，孕妇应避免使用。

蛇含草炭粉面膜 清理黑头小圣手

　　该蛇含草炭粉面膜可以改善皮脂分泌过盛的情况，也能帮助排出由于长期化妆而堆积在皮肤里的毒素。

　　蛇含草对有很多黑痣，雀斑，斑点瑕疵的油性皮肤效果很好，同时也可以有效减少因为紫外线和其它有害光线照射形成的色素沉积和皮肤损伤。炭粉可以帮助清理干净皮肤的废弃排出物，皮脂，黑头，使肤色看上去更明亮。

推荐使用肤质：油性皮肤，起痘痘的皮肤，有斑的肌肤，毛孔粗大的肌肤

使用次数：一周 1~2 次

使用期限：即做即用

准备工作：

器具：电子秤，50 毫升玻璃烧杯，试剂量勺，玻璃棒

原料：6 克有机玉米淀粉粉末，2 克蛇含草粉末，1 克碳粉，12 克纯净水

制作约 21 克的量：

把 6 克有机玉米淀粉粉末，2 克蛇含草粉末和 1 克碳粉放入玻璃烧杯中，并混合起来。

贴士一：玉米淀粉粉末对镇静皮肤和去除皮肤角度有很突出的效果。

接着倒入 12 克纯净水。

用玻璃棒仔细搅拌混合。

贴士二：这时候如果用去除角质的海绵，可以很干净地洗去。

使用方法：

把面膜轻轻地涂在脸上薄薄的一层，在涂抹的时候注意避开眼睛和嘴巴周围皮肤。大概过 10 分钟后，用温水洗净即可。

注意事项：

这个面膜有很强的吸油功能，适合油性皮肤的人使用。所以中性皮肤和干性皮肤的人尽量不要使用。

芦荟凝胶 治痱子有奇效

　　一到夏天很容易生痱子，光是想想都觉得痒痒的。清凉效果显著的芦荟，可以有效消除痱子的乳香等混合制成的凝胶，让你夏天再也没有以上的烦恼。除了痱子，对于有痘痘困扰的人来说，它也是很好的制剂，可以帮助你成为一个名副其实的美女。

推荐适用肤质： 易起痱子的皮肤，油性皮肤，问题肌肤

使用次数： 随时使用

使用期限： 两个月

准备工作：

器具： 电子秤，50毫升玻璃烧杯，试剂量勺，橡胶小勺，挤花袋，30毫升玻璃容器

原料： 29.6克芦荟凝胶，1滴乳香精油，2滴罗文莎叶精油，3滴有机绿茶精油，3滴天然防腐剂

制作约30克的量：

量取29.6克的芦荟凝胶。

再把1滴乳香精油，2滴罗文莎叶精油和3滴有机绿茶精油放入玻璃烧杯中，并混合起来。

接着放入3滴天然防腐剂，并均匀地慢慢搅拌融合。

把最后的液体用挤花袋倒进容器中，放置在避免阳光直射的阴凉处，室温下保存。

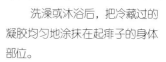

使用方法：

洗澡或沐浴后，把冷藏过的凝胶均匀地涂抹在起痱子的身体部位。

保存方法：

放在冰箱里冷藏保存。

注意事项：

孕妇，抗生素过敏的人群，芦荟过敏的人群都禁止使用。

西红柿凝胶 瞬间消除老茧

　　该膜可以使因为老茧而变得颜色深的胳膊肘和膝盖处颜色再次变淡和明亮，看起来更漂亮。

　　西红柿里的茄红素可以起到像打开照明灯一样的提亮效果，也可以使粗糙和硬绑绑的茧变柔软，使皮肤看起来更水润。西红柿胶凝膜可以使我们更好地管理平时容易被疏忽的身体部位的皮肤，让人变得更漂亮，变成真正意义上的美丽达人。

准备工作：

器具：电子秤，50 毫升玻璃烧杯，试剂量勺，玻璃棒

原料：10 克玉米淀粉粉末，6 克西红柿粉末，14 克纯净水，1 滴锡兰香茅精油

制作约 30 克的量：

把 10 克玉米淀粉放入玻璃烧杯中。

接着放入 6 克西红柿粉末，均匀地慢慢搅拌混合。

然后再放入 14 克纯净水，并用玻璃棒均匀地慢慢搅拌混合。

最后放入 1 滴锡兰香茅精油。

使用方法：

在洗澡或沐浴的时候，把膜涂在胳膊肘和膝盖处，像画圈一样按摩五分钟左右，之后用温水洗去即可。

注意事项：

对于有炎症的身体部位，禁止涂抹该膜。敏感性皮肤的人群在使用前，要先小范围的作皮肤测试后再使用。

贴士：该精油可以去除皮肤角质，使皮肤变得更柔嫩顺滑。

桃子唇彩 嘟嘟唇不再是梦想

让你的嘴唇颜色看起来更加红润和亮丽！用桃子唇彩的话，马上让嘴唇增色，看起来却很自然且颜色鲜亮。

准备工作：

器具：100 毫升玻璃烧杯、玻璃棒、纸巾或纱布、25 毫升玻璃烧杯，2 个 5 毫升的唇膏容器

上色原料：25 毫升有机甘油，浸泡在甘油中的桃树叶和桃树花瓣

染色原料：10 毫升桃子甘油染色剂，2 滴甜橙精油

制作约 10 毫升的量：

制作桃子甘油染色剂：

把上色制剂的材料放到玻璃容器中，搅拌约五分钟。然后放置在阴凉处大概一个月的时间让其充分熟透。每天随时观看，摇动瓶子使其充分混合。

用纸巾或纱布过滤，只将液体过滤到玻璃瓶中即可。

贴士一：剩下的桃子甘油染色剂可以冷藏存放在冰箱里，三个月内使用即可。

带色的唇膏制作方法：

把 10 毫升的桃子甘油染色剂放在 25 毫升的玻璃烧杯中。

放入 2 滴甜橙精油，并慢慢均匀地搅拌混合。

贴士二：橙子可以改善唇部细纹，使嘴唇看起来更加饱满有质感。

把最后的液体倒进容器中，放置在避免阳光直射的阴凉处，室温下保存一天，让其充分混合。

使用 & 保存方法：

洗脸后把唇彩均匀地涂在上下嘴唇上。

放置在避免阳光直射的阴凉处保存。

注意事项：

嘴唇有炎症或者有裂口等情况下，为了避免对嘴唇造成刺激，应该避免使用。

Autumn

Chapter3

秋季篇

当全世界都浸染在秋天的暖红色中时，皮肤却开始变得脆弱不堪了。

当微凉的和风掠过面颊的时候，也偷偷带走了皮肤中的水分。

如果不给干涩的皮肤补充水分使其变得水润润的，皮肤在秋天会变得更干燥。

所以秋天皮肤保养的关键词便是保湿，一定要将保湿进行到底。

首先，用黑糖＆可可面膜去除皮肤的角质层，使皮肤可以更好地充分吸收营养成分。

接着用波旁天竺葵纸质面膜，深层清洁粘土面膜，辣椒面膜给皮肤注入充分的水分和维他命。

在这个秋季，重生成为如枫叶般美丽的女人吧！

黑糖 & 可可面膜 对付皮肤干燥自成一套

　　黑糖对于去除皮脂，皮肤排泄物，防止干燥等有很好的效果，同时可以使皮肤变得嫩滑，水润。可可则对于减少皮肤干燥，防止老化，预防皱纹等有很好的效果，也能使皮肤变得水润。这是能够散发独特的香味，使心情都能一起变得很好的面膜。

这种时候使用：有黑头，白头，想去除角质，缩小毛孔的时候
使用次数：一周两次
使用期限：三个月

贴士：这款面膜非常适合沐浴时使用，由于沐浴后，所有的毛孔处在打开状态，对去除皮肤的排泄物更容易，从而促进血液循环，提高吸收率，对皮肤更好。

准备工作：

器具：搅拌机，电子秤，100 毫升玻璃烧杯，玻璃棒，试剂量勺，30 毫升玻璃容器
原料：有机黑糖 35 克，有机可可粉 5 克，纯净水 10 克，天然防腐剂 6 滴，有机柠檬精油 1 滴

制作约 50 克（30 毫升）的量：

01 用搅拌机把 35 克黑糖研磨成很细的粉末。

02 将研磨成细粉的 35 克黑糖和 5 克可可粉放入玻璃烧杯中，然后把玻璃烧杯放到电子秤上。

03 然后倒入 10 克纯净水，慢慢地搅拌均匀。

04 接着再滴入 5 滴天然防腐剂，搅拌混合。

05 然后再放入 1 滴柠檬精油，搅拌混合。

06 最后倒入容器中，放置在避免阳光直射的阴凉处，室温下保存一天，让其充分熟成。

使用方法：

　　用热毛巾敷在脸上，使鼻子上的毛孔充分打开，抹上面膜后，用手指轻轻地按顺时针方向按摩 2~3 分钟。在敷面膜的时候，稍微蘸点水，轻轻地按摩，效果会更好。如果想有更好的保湿效果，等黑糖完全融化时，留在脸上三分钟后再洗去。洗脸时用温水洗就可以了。

保存方法：

　　避光冷藏保存。

注意事项：

　　皮肤暴露在外面很容易受到刺激和伤害，所以在按摩的时候要尽量轻柔地按摩。里面含有的柠檬精油会使皮肤在暴露在紫外线中的时候有变黑的现象，所以一定要在晚上的时候使用这个面膜。

波旁天竺葵纸质面膜 调节皮脂自有章法

　　波旁天竺葵精油对于调节皮脂再生有着显著的效果。对干性皮肤效果尤其不错，可以温柔地去除皮肤的角质，在皮肤表面形成一层保护膜，让皮肤一直保持水润效果。其可以提高细胞再生的能力，对于湿疹或疖疮的皮肤，效果尤为明显。

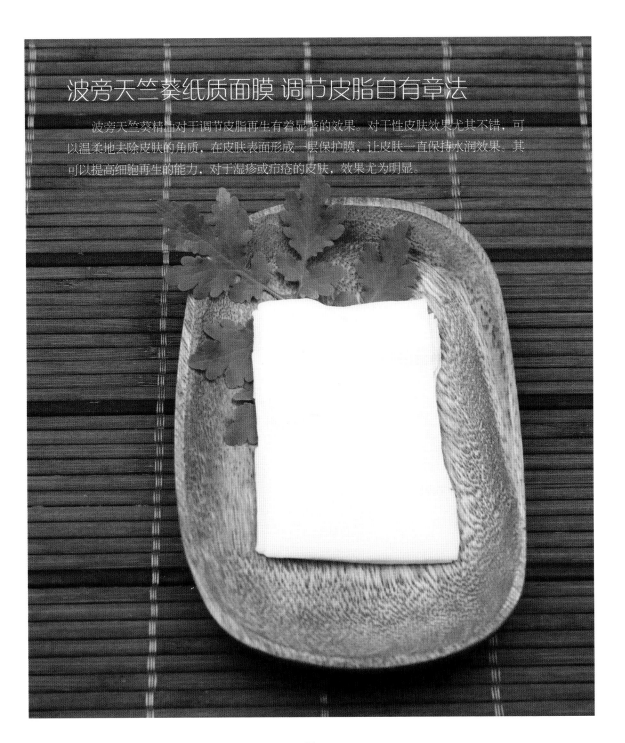

准备工作：

器具：电子秤，100 毫升玻璃烧杯，玻璃棒，4 张有机纯棉面膜纸，遮光拉链袋

原料：1 克葵花籽精油，2 滴波旁天竺葵精油，1 克橄榄油，30 克有机橙花花瓣水，36 克纯净水，
1.5 克有机甘油，8 滴天然防腐剂

制作约 70 克的量：

01 把 1 克葵花籽精油和 2 滴波旁天竺葵精油放入玻璃烧杯中，并混合。

贴士：葵花籽精油可以轻松地去除角质，在皮肤表面形成一层保护膜，使皮肤变得水润润的。

使用方法：

　　用温水洗脸后，拍上化妆水，在睡前把面膜敷在脸上大概 5~15 分钟后，再揭去即可。

02 再把 1 克橄榄油倒入玻璃烧杯中，用玻璃烧杯慢慢地仔细搅拌。

04 放入 1.5 克有机甘油和 8 滴天然防腐剂。如果做完当时就使用的话，美容效果会更佳。

保存 & 注意事项：

　　冷藏保存。
　　孕妇和敏感性肌肤的人禁止使用。

03 接着倒入 30 克有机橙花花瓣水和 36 克纯净水，混合起来。

05 把面膜纸放入遮光拉链袋中，把做好的液体也倒入拉链袋中。做完后，放置一天让其充分熟成。

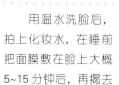

粘土面膜 深层清洁又保湿

　　可以彻底干干净净地清理皮肤排泄的废物。面膜中的绿色粘土可以吸收排泄物，最终去除皮肤毛孔中各种不干净的物质。蓝粘土又可以去除毛孔中绿色的斑点或细小雀斑，同时也清除皮肤的排泄物，达到前所未有的效果。丰富的矿物质进入皮肤，对皮肤的保湿有卓越的效果。

准备工作：

器具：电子秤，250 毫升玻璃烧杯，橡胶小勺，50 毫升玻璃容器
原料：15 克有机法国绿粘土，35 克有机水洗蓝粘土，50 克纯净水，5 滴有机柠檬草精油

制作约 100 克（50 毫升）的量：

01 把 15 克有机法国绿粘土和 35 克有机水洗蓝粘土放入玻璃烧杯中，并混合起来。

02 接着倒入 50 克纯净水，一直均匀搅拌，直到其中的粉末结块全部溶解为止。

03 往玻璃烧杯中滴入 5 滴有机柠檬草精油，把它们混合起来。

04 最后倒入容器中，放置在避免阳光直射的阴凉处，室温下保存一天，让其充分混合。

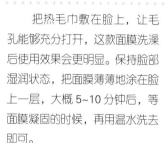

使用方法：

　　把热毛巾敷在脸上，让毛孔能够充分打开，这款面膜洗澡后使用效果会更明显。保持脸部湿润状态，把面膜薄薄地涂在脸上一层，大概 5~10 分钟后，等面膜凝固的时候，再用温水洗去即可。

保存方法 & 注意事项：

　　冷藏保存。
　　如果敷上后皮肤有热辣感等症状出现，敏感型的肌肤，禁止使用。

天然护发发膜 头屑头痒一扫光

　　为了能够塑造没有头屑、没有头痒的健康头皮，我们今天向大家介绍一款天然的护发发膜。

　　该发膜中的护发果子含有丰富的维生素 C，维生素 D 等营养物质，可以供给毛囊充分的营养，从而帮助头发更好地生长。对于去除头屑等头皮的炎症也有很卓越的效果。

推荐使用皮肤类型：脂溢性头皮，有头屑的头皮，发痒的头皮

使用次数：一周两次

使用期限：两个月

贴士：乳状精油在高于80℃的温度时，很容易被破坏其中的营养成分，所以一定要注意保持温度

准备工作：

器具：电磁炉，电子秤，3个100毫升玻璃烧杯，250毫升的玻璃烧杯，试剂量勺，2个温度计，保鲜膜，纸巾或者纱布，玻璃棒，橡胶小勺，100毫升玻璃容器

液汁原料：10克护发果子，100克纯净水

发膜原料：80克护发果子汤汁，8克有机荷荷芭精油，5克山茶花精油，5克橄榄蜡，1克天然防腐剂，3滴伊兰纯精油，7滴桉树柠檬精油

制作约 100 克的量：

护发果子汤汁制作：

01 护发果子放入玻璃烧杯中，用保鲜膜把玻璃烧杯口封起来。然后把玻璃烧杯放到中火的电磁炉上，保持80℃的温度，放置大概20分钟，使其完全浸泡。

02 用纱布把液体过滤到另一个玻璃烧杯中。

发膜的制作：

03 把护发果子的汤汁倒入玻璃烧杯1（水状层）中，接着把有机荷荷芭精油，山茶花精油和橄榄蜡倒入玻璃烧杯2（乳状层）中。

04 把玻璃烧杯1和2都到电磁炉上，中火加热到70℃。（可以参考第12页的第三步）

05 当两个玻璃烧杯都达到了70℃的时候，把玻璃烧杯1（水状层）中液体的一半倒到玻璃烧杯2（乳状层）中，用橡胶勺混合搅拌约5秒。

06 把第五步中的液体倒到玻璃烧杯1中，充分搅拌，一直到液体出现乳状的感觉。

07 接下来放入3滴伊兰纯精油和7滴桉树柠檬精油，混合。

08 最后倒入容器中，放置在避免阳光直射的阴凉处，室温下保存一天，让其充分混合。做好的发膜要冷藏保存。

使用方法 & 注意事项：

在头皮上喷上适当的水分，让头皮湿润。取适量的发膜均匀地涂在全部头皮上，然后用毛巾蒙上，大概过10分钟左右。

低血压患者，孕妇禁止使用。因人们体质不同，使用伊兰精油可能会有头痛，或者恶心呕吐的情况发生。

咖啡 & 米糠身体磨砂膏 水润肌肤不再是纸上谈兵

秋天那凉飕飕的风，让脸和身体都开始出现白色的角质层。

　　这个时间就需要使用这个身体磨砂膏。这不仅仅有去除角质的作用，还有帮助燃烧脂肪，去除脂肪团等作用的咖啡粉，加上有卓越的美白效果，很好地为皮肤供给营养的米糠粉，两者结合制作而成。使皮肤变得细腻滑嫩，有水气。

准备工作：

器具：电磁炉，电子秤，250 毫升的玻璃烧杯（玻璃烧杯 1），100 毫升玻璃烧杯（玻璃烧杯 2），2 个温度计，玻璃棒，橡胶小勺，橡胶小勺，100 毫升玻璃容器

原料：58.5 克纯净水，25 克有机杏仁精油，5 克橄榄油，10 克有机咖啡粉，1 克有机米糠，0.5 克（10 滴）天然防腐剂

使用方法：

洗澡或沐浴后，在身体湿润的状态下，取适量磨砂膏涂在需要的部位。轻轻地按摩五分钟后，用温水洗净即可。

保存 & 注意事项：

冷藏保存。

对米糠过敏的人群禁止使用。

制作约 100 克的量：

01 在玻璃烧杯 1（水状层）中倒入 58.5 克纯净水。

02 在玻璃烧杯 2（乳状层）中放入 25 克有机杏仁精油和 5 克橄榄油。

贴士一：杏仁精油中含有维生素 A、B，维生素 E 的衍生物，对去除老化角质，保持皮肤清洁有很大的帮助。

03 把玻璃烧杯 1 和玻璃烧杯 2 放到电磁炉上中火加热到 70℃。然后，注意玻璃烧杯 2 的温度，玻璃烧杯 2 的温度达到了 60℃的时候，就要从火上拿下来搅拌。

04 当两个玻璃烧杯的温度都达到 70℃的时候，把玻璃烧杯 1 中液体的一半倒入玻璃烧杯 2 中，均匀慢慢地搅拌 5 秒的时间。

贴士二：一定要注意保持应有的温度。

05 把第四步中生成的液体倒入玻璃烧杯 1 中，搅拌大概十分钟左右，一直到液体出现乳状的感觉。

06 这时候再放入 10 克有机咖啡粉和 1 克有机米糠，充分混合。

07 均匀混合后，把最后的液体倒入容器中保存。

天然眼部精华素 让眼部看起来光鲜可人

皮肤是由表皮层，真皮层和脂肪层组成的。

对于健康的紧致皮肤来说，真皮层的角色至关重要。

玫瑰成分可以促进真皮层里的胶原蛋白循环再生，使皮肤恢复原有的弹性。

可以有效抵制眼圈的黑痣，斑点，黑眼圈等，使皮肤焕发年轻的光泽。

推荐使用皮肤类型：老化的肌肤，有黑眼圈，老年斑和黑斑的皮肤，眼周皮肤干燥的皮肤
使用次数：一天使用一次，每次 1~2 滴
使用期限：三个月

准备工作：

器具：25 毫升的玻璃烧杯，玻璃棒，100 毫升吸管玻璃容器
原料：5 毫升有机玫瑰果精油，2 毫升萝卜浸泡油，3 毫升有机西兰花籽精油，1 滴奥图玫瑰精油

制作约 10 毫升的量：

贴士：如果温度太低的话，奥图玫瑰精油容易凝固。这时候，用手掌轻轻揉搓瓶子后，再使用。

01 把对应量的有机玫瑰果精油，萝卜浸泡油和有机西兰花籽精油放入玻璃烧杯中，搅拌混合。

02 接着再滴入 1 滴奥图玫瑰精油，轻轻地搅拌混合。

03 把最终做成的精华素倒入容器中，贴上标签。放置在避免阳光直射的阴凉处，室温下保存一天，让其充分混合。

使用方法：

拍完化妆水后，取 1~2 滴精华素，用指尖轻轻地涂在眼圈周围皮肤。为了能够更好的吸收，可以用指尖轻轻地拍打，直到完全吸收为止。

保存方法：

放置在避免阳光直射的阴凉处，室温下保存。

注意事项：

油性肌肤，起痘痘的肌肤，在制作的时候，一定要去掉玫瑰果。孕妇禁止使用。晚间使用的话，对于细胞再生起到的帮助更大。

辣椒面膜 消除你的年龄忧郁

让时间倒流吧！

每当秋天到来的时候，不要感觉岁月不知不觉地溜走了，也不要抱怨岁月无情。

试着用一个辣椒面膜吧。辣椒里面富含的维生素 C 可以使皮肤变得明亮如初。

其中富含的维生素 A 和维生素 E，还有胡萝卜素，纤维素，铁，钙，镓等成分可以帮您消除时间留下的印迹。

推荐使用皮肤类型：干燥皮肤，老化肌肤
使用次数：一周三次
使用期限：当天立即使用

准备工作：

器具：电子秤，100 毫升的玻璃烧杯，试剂量勺，玻璃棒
原料：10 克天然海草面膜粉末，3 克辣椒粉末，30 克凉的纯净水

制作约 43 克（1 次使用的量）：

贴士：如果用温水的话，在制作面膜的过程中，很容易凝结成块，所以在制作中使用冷藏过的冷水更好。

01 把 10 克天然海草面膜粉末和 3 克辣椒粉末放入玻璃烧杯中，并混合。

02 把 30 克纯净水分几次倒入玻璃烧杯中，一边搅拌，一边防止粉末结块。

使用方法：

　　用面膜棒把面膜厚厚地涂在脸上，涂的时候注意要避开眼睛和嘴部。大概 20 分钟等面膜凝固后，从下巴到额头方向揭起面膜。如果面膜涂得太薄，不太好揭下来的话，可以用天然海绵蘸水擦去。

保存方法：

　　随着时间的流逝，面膜容易结成块，所以最好做多少就用多少。如果没有马上做完，那么在做好的面膜粉中不要放入水，下次使用前再放入纯净水就可以了。

栗皮 & 甘草面膜 肌肤排毒小能手

对于破坏皮肤的"化妆品毒素"，用栗皮 & 甘草面膜来解毒吧！

栗皮可以在晚间向真皮层输入丰富的丹宁酸成分。平衡皮脂的分泌。甘草卓越的中和作用可以使皮肤变得更加柔软细嫩。

准备工作：

器具：电子秤，50 毫升的玻璃烧杯，试剂量勺，玻璃棒
原料：8 克有机纯玉米粉末，1 克栗皮粉末，1 克甘草粉末，11 克纯净水

制作约 21 克（大概 1 次使用的量）：

01 把 8 克有机纯玉米粉末，1
克栗皮粉末和 1 克甘草粉末放
入玻璃烧杯中，并混合。

02 把 11 克纯净水倒入玻璃烧
杯中，并仔细地搅拌。

使用方法：

　　方法 1：用热毛巾敷脸，使毛孔充分打开，
然后把面膜薄薄地涂在脸上一层，大概五分钟
后，用温水洗去即可。

　　方法 2：把用纯净水润湿过的纯棉面膜纸
敷在脸上，把做好的面膜厚厚地涂在面膜纸上。
大概等 10~15 分钟后，揭去面膜纸，用温水仔
细地洗去即可。

美白亮齿剂 牙齿从此闪亮

　　美丽的微笑要借助亮白的牙齿才能实现。不要去牙科买昂贵的牙齿美白药，自己来亲自制作吧！亲自制作的天然牙齿药使牙龈更健康，牙齿更洁白。

　　放入天然德国甘菊精油，有机柠檬精油，有机薄荷精油等充分混合，不仅有美白的作用，也同时具有杀菌的作用。对于牙龈的各种炎症也有很明显的效果。

准备工作：

器具：电磁炉，电子秤，100 毫升的玻璃烧杯，250 毫升的玻璃烧杯，温度计，试剂量勺，橡胶小勺，100 毫升玻璃容器

原料：25 克有机甘油，0.8 克黄原胶，32.2 克纯净水，40 克重炭酸，1 滴有机德国洋甘菊精油，4 滴有机柠檬精油，15 滴有机薄荷精油

制作约 100 克的量：

01 在 100 毫升的玻璃烧杯中放入 25 克有机甘油和 0.8 克黄原胶。

02 用玻璃棒搅拌，一直到黄原胶看不到的时候（玻璃烧杯 1）。

03 把 32.2 克纯净水和 40 克重炭酸放入 250 毫升的玻璃烧杯中（玻璃烧杯 2）。

04 把玻璃烧杯 2 放在电磁炉上，用中火加热到 50℃。然后把玻璃烧杯从电磁炉上拿下来，把玻璃烧杯 1 中的液体倒入玻璃烧杯 2 中，向着一个方向搅拌，使其混合。

05 分别倒入相应量的有机德国洋甘菊精油，有机柠檬精油和有机薄荷精油，混合，之后把液体倒入容器中，放置在避免阳光直射的阴凉处，室温下保存一天，让其充分混合。

使用方法：

比起市面上卖的牙齿药物来讲，这个自制的护齿效果会更好。用柔软的牙刷毛蘸一半左右的该制剂，可以起到温和的护齿作用。第一次使用的时候可能会感到同味过重，大概用一周左右就会适应。

保存方法 & 注意事项：

放置在避免阳光直射的阴凉处及室温下保存。孕妇，高血压患者禁止使用。

睫毛精华素 强韧你的眼睫毛

用美人睫毛精华素来强化睫毛，守护你的睫毛吧！

拉长眼睫毛等类似的医术手段对眼睫毛会造成伤害，经常频繁地使用睫毛夹和卷睫毛夹使睫毛总是很脆弱并容易掉下来。这时候，使用美人睫毛精华素吧。

丰富的营养成分可以进入到皮肤深层中，使脆弱的睫毛变得更浓密，更健康。

准备工作：

器具：电子秤，25 毫升的玻璃烧杯，玻璃棒，5 个 2 毫升的眼睫毛精华素容器

原料：10 克玫瑰果精油，2 滴天然维生素 E，1 滴奥图玫瑰精油

制作约 10 克的量：

01 提取 10 克的玫瑰果精油。

02 把 2 滴维生素 E 滴入第一步的液体中，并均匀搅拌混合。

贴士：玫瑰果和奥图玫瑰精油可以强化毛根，让睫毛更健康地生长。

03 接着滴入 1 滴奥图玫瑰精油，轻轻搅拌。

04 把做好的液体倒入容器中，放置在避免阳光直射的阴凉处，室温下保存一天，让其充分混合。

使用方法：

　　洗脸后，在保证眼睛上没有任何睫毛膏残留物的情况下，轻轻地闭上眼，取适量的精华素仔细地涂抹在睫毛根部。睡觉前使用最佳。

保存 & 注意事项：

　　放置在避免阳光直射的阴凉处，室温下保存。孕妇禁止使用。

特殊时期的精油 减缓你的经期综合症

　　每月一次经期前的腹部胀满感，便秘，失眠，头痛，感情容易起伏等多种症状都会出现。该精油是特地为了正在经受这种痛苦的女性朋友们而精心制作的。

　　放入对于缓解压力，失眠症状，头痛等有良好作用的薰衣草精油，更能使心里变得安静和平和。

这种时候使用：例假前有头痛，失眠，便秘等各种不良症状出现的时候

使用次数：一天三次

使用期限：三个月

准备工作：

器具：50 毫升的玻璃烧杯，玻璃棒，20 毫升玻璃吸管容器

原料：15 毫升晚樱草精油，5 毫升小麦胚芽精油，3 滴有机德国洋甘菊精油，5 滴薰衣草精油，4 滴快乐鼠尾草精油

制作约 20 毫升的量：

01 把 15 毫升晚樱草精油和 5 毫升小麦胚芽精油放入玻璃烧杯中，并混合。

贴士：例假期，在卫生棉或棉内裤外侧滴 1 滴薰衣草原液，效果会更佳。

02 接着倒入 3 滴有机德国洋甘菊精油，5 滴薰衣草精油和 4 滴快乐鼠尾草精油，混合起来。

使用方法：

从例假开始前两周一直到来例假的前一天使用，把该精油均匀地涂在腹部，像画圈一样顺时针按摩五分钟左右即可。

注意事项：

孕妇，低血压患者，对谷蛋白过敏的人群，喝酒过后的人，禁止使用。

03 最后把做好的液体倒入容器中，放置在避免阳光直射的阴凉处，室温下保存一天，让其充分混合。

女性特质清洁剂 让私处无忧

　　完全纯自然的女性私处清洁剂没有任何界面活性化学制剂，所以对皮肤没有刺激，也不会造成任何困扰，完全可以放心使用。

　　迷失香和玫瑰花蕾可以有效驱赶生理期间让人不快的味道。

准备工作：

器具： 电磁炉，电子秤，2 个 250 毫升的玻璃烧杯，100 毫升玻璃烧杯，玻璃棒，试剂量勺，保鲜膜，纱布或纸巾，200 毫升泡沫型容器

汤汁原料： 5 克无患子香草，1 克有机迷迭香香草，3 克有机玫瑰花蕾香草，125 克纯净水

清洁剂原料： 96 克无患子汤剂，3 克有机甘油，1 克天然防腐剂

制作约 100 克的量：

无患子汤剂制作：

贴士：无患子富含天然表面活性剂的组成成分的皂角，是肥皂的果实。

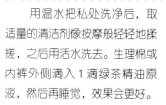

01 把 5 克无患子香草，1 克有机迷迭香香草，3 克有机玫瑰花蕾香草，125 克纯净水全部放到 250 毫升的玻璃烧杯中。

02 把玻璃烧杯口用保鲜膜封起来，放在电磁炉上，用中火加热约 10 分钟后，把玻璃烧杯里的液体用纱布或纸巾过滤到 250 毫升的玻璃烧杯中。

清洁剂制作：

03 量取 96 克玻璃烧杯 2 中的无患子汤剂。

04 接着放入 3 克有机甘油，然后再放入 1 克天然防腐剂，再混合。最后把做好的东西盛入容器中。

使用方法：

用温水把私处洗净后，取适量的清洁剂像按摩般轻轻地揉搓，之后用活水洗去。生理棉或内裤外侧滴入 1 滴绿茶精油原液，然后再睡觉，效果会更好。

保存方法：

放置在避免阳光直射的阴凉处，室温下保存。

winter

Chapter4

冬季篇

冬季，万物凋零，大地、江河湖海都被冻得严严实实了。

伴随着严冬一起到来的，还有刺骨凛冽的寒风。

在这样的寒风中，皮肤变得紧巴巴，失去了弹性和水分。

当然了，皮肤的紧致是最基本的。

此外，需要操心的事情不止一两件，比如皱纹、角质层、红润等皮肤问题都是需要重视的方面。

在这个时候，皮肤最需要对症下药的处方笺，可以给皮肤重新注入生机的胡萝卜籽油，提供营养成分的保养型白色粘土面膜，把保湿的担心抛到外太空的椰子油面膜，3秒钟充分保湿的针对冬天的皮肤特制的面膜……

有了以上这些面膜，再也不用担心和害怕严冬的到来了。

萝卜籽面膜 让皮肤焕然一新

　　敷了面膜的时候，好好地睡一觉后再起来，皮肤会变得夺人眼球，闪闪发光，可以让人心情愉快地度过一天。

　　胡萝卜籽精油具有卓越的皮肤再生效果，带来皮肤活力，改善皮肤的弹性。

　　对于因为长期压力，过度的化妆等而变得松垮的皮肤，暗沉的肌肤，苍白的肌肤还有没有生机的肌肤来说，无疑是福音。

推荐使用皮肤类型：老化肌肤，干燥肌肤，暗沉肌肤
使用次数：一周三次
使用期限：一个月

准备工作：

器具： 电子秤，100 毫升玻璃烧杯，玻璃棒，有机纯棉面膜纸 4 张，遮光拉链袋

原料： 2 克有机摩洛哥坚果油，2 滴萝卜籽精油，2 克橄榄油，50 克有机奥图玫瑰花瓣精油，13.5 克纯净水，2 克有机甘油，8 滴天然防腐剂

制作萝卜籽面膜约 70 克的量：

01 把 2 克有机摩洛哥坚果油和 2 滴萝卜籽精油放入玻璃烧杯中，并混合起来。

04 再放入 2 克有机甘油和 8 滴天然防腐剂，与之前的混合起来。如果面膜当时做完就使用的话，就没有必要放入防腐剂了。

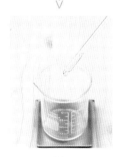

02 接着再放入 2 克橄榄油，充分混合起来。

05 把纯棉面膜纸放入拉链遮光袋中，把做好的面膜液体倒入，摇晃，混合。放置在避免阳光直射的阴凉处，室温下保存一天,让其充分熟成。

03 下一步再放入 50 克有机奥图玫瑰花瓣精油和 13.5 克纯净水，慢慢均匀地搅拌并混合。

使用方法：

洗脸后按皮肤纹理拍上化妆水，然后在睡觉前，把面膜纸敷在脸上 5~15 分钟后揭去。然后再入睡。

保存方法 & 注意事项：

本品需冷藏保存，制作多少最好马上就使用。孕妇禁止使用。

白色粘土眼膜 眼部肌肤紧致有理

　　寒冷的冬季，加热器里的热水使得皮肤变得干燥，脆弱的皮肤需要保温和吸收营养成分。这个面膜可以给皮肤运输养分，使皮肤变得透明白嫩。

　　白色粘土对敏感性的皮肤，松垮的皮肤等都很有效果，含有很高的矿物成分，是在制作身体爽身粉和儿童爽身粉时也会使用的原料。

推荐使用皮肤类型：痘痘肌肤，敏感肌肤
使用次数：一周三次
使用期限：立即使用

准备工作：

器具：电子秤，100毫升玻璃烧杯，试剂小勺，玻璃棒
原料：10克海草面膜粉，3克有机法国白色粘土，30克冷纯净水，1滴乳香精油

制作约43克的量（一次使用的分量）：

贴士一：如果使用的纯净水不是冷水的话，在面膜制作的过程中，面膜很容易凝固。

贴士二：如果在接受了有关皮肤的手术的情况下，使用该眼膜，效果也不错。

01 把10克海草面膜粉和3克有机法国白色粘土放入玻璃烧杯中。

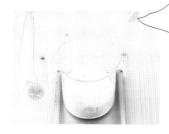

02 然后把30克冷的纯净水倒入玻璃烧杯中，搅拌混合，使粉末能充分地融化。

03 接着再放入1滴乳香精油，充分混合起来。

04 一直搅拌，直到等玻璃烧杯中的液体成为像沙尘一样的粘度的时候停止。

使用方法：

　　用抹刀把面膜涂在脸上厚厚的一层，避开嘴和眼睛，大概20分钟后，从下巴到额头的方向把面膜揭去。如果面膜没办法揭干净的话，用天然海绵蘸水后轻轻地擦去。

保存方法：

　　随着时间的消逝，面膜会凝固，所以建议制作时，做好一次的量即可。

注意事项：

　　孕妇禁止使用。

椰果乳液 保湿去燥两不误

干燥的冬季，皮肤和嗓子变得一样干燥。

椰果保湿乳液可以使皮肤重新变得水润，可以供给因为过度干燥而变得发糙的皮肤充足的营养成分和水分。保湿效果并不是短暂的，而是使皮肤的[illegible]

准备工作：

器具：电磁炉，电子秤，250 毫升玻璃烧杯，100 毫升玻璃烧杯，2 个温度计，玻璃棒，试剂量勺，橡胶小勺，100 毫升玻璃容器

原料：69.3 克纯净水，20 克有机特级可可椰子精油，5 克有机特级初榨橄榄油，5 克橄榄蜡，10 滴天然防腐剂，1 滴檀香精油，3 滴香子兰精油

制作约 100 克的量：

01 把 69.3 克纯净水倒入 250 毫升的玻璃烧杯中（玻璃烧杯 1）。

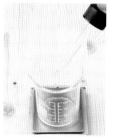

02 把 20 克有机特级可可椰子精油，5 克有机特级初榨橄榄油和 5 克橄榄蜡放入 100 毫升玻璃烧杯中（玻璃烧杯 2）。

03 把玻璃烧杯 1 和玻璃烧杯 2 都放在电磁炉上，中火加热。玻璃烧杯 2 中的物质，一边加热一边用温度计测量，如果温度达到 60℃ 的时候，拿开玻璃烧杯，继续搅拌，温度继续上升。

04 注意观察，如果玻璃烧杯 1 和玻璃烧杯 2 的温度都同时达到 70℃ 的话，把玻璃烧杯 1 中的一半液体倒入到玻璃烧杯 2 中，用橡胶小勺搅拌 5 秒左右。

05 把第四步中生成的液体全部倒入玻璃烧杯 1 剩余的液体中，搅拌 10 分钟左右，直到出现乳液状的感觉，接着再滴入 10 滴防腐剂，并均匀搅拌。

06 再放入檀香精油和香子兰精油，混合起来，最后倒入容器中，放置在避免阳光直射的阴凉处，室温下保存一天，让其充分熟成。

使用方法&注意事项：

洗澡或沐浴后把乳液涂抹在干燥的身体部位，拍打使其吸收。对于坚果类过敏的人群避免使用。

保存方式：

冷藏保存。

海棠护手霜 干燥皮肤的福星

使粗糙的双手重新变得光滑！

海棠具有促进皮肤再生的功能，对于皮诊，小疙瘩，疔疮等各种不同的皮肤炎都有很显著的效果。

良品，接下来，请您亲自动手来做一做海棠护手霜试试吧。

准备工作：

器具：电磁炉，电子秤，50毫升玻璃烧杯，温度计，玻璃棒，试剂量勺，橡胶小勺，30毫升玻璃容器
原料：9.5克海棠精油，16克非晶体乳木果油，4克有机蜂蜡，0.3克天然维生素E，2滴西洋蓍草精油，2滴天然薰衣草精油

制作约30克的量：

01 把9.5克海棠精油，16克非晶体乳木果油和4克有机蜂蜡放入玻璃烧杯中。

04 然后再把2滴西洋蓍草精油和2滴天然薰衣草精油滴入玻璃烧杯中，均匀地搅拌混合。

02 用中火加热玻璃烧杯，一边搅拌，等温度加热到60℃的时候，把玻璃烧杯从电磁炉上拿下来，继续搅拌，余热会使温度上升到70℃。

05 最后倒入容器中，放置在避免阳光直射的阴凉处，室温下放置，让其凝固。

03 接着把0.3克天然维生素E放入玻璃烧杯中，慢慢均匀搅拌。在温度变低，杯中的东西开始凝固之前，要赶紧继续开始做。

使用方法 & 注意事项：

手上有龟裂等现象的时候，取适量的护手霜均匀地涂在手背和手指的缝隙之间。晚上如果戴着棉手套睡觉的话，会更加有效果。

孕妇，对菊花过敏的人群，低血压患者禁止使用。

保存方法：

放置在避免阳光直射的阴凉处，室温下保存。

金缕梅面膜 给问题肤质彻底消炎

金缕梅面膜可以改善因痘痘而受到损伤的肌肤。

该面膜具有消炎和抗炎症的作用，所以可以起到治愈皮肤伤口、清洁伤口和给问题肌肤彻底消毒的作用。

准备工作：

器具：电子秤，50 毫升玻璃烧杯，玻璃棒，试剂量勺
原料：3 克有机玉米淀粉粉末，2 克金缕梅粉末，3 克尿囊素粉末，12 克纯净水

制作约 20 克的量（1 次使用）：

>>

贴士：该面膜是比较稀的面膜。如果想做得比较稠的话，请减少加入的水量，注意调节面膜的稠度。

01 把足量的有机玉米淀粉粉末，金缕梅粉末和尿囊素粉末放入玻璃烧杯中，并均匀混合。

02 在第一步的玻璃烧杯中倒入 12 克纯净水，均匀搅拌，混合。

使用方法：

　　洗脸后，将纯棉面膜纸敷在脸上，在面膜纸上把全部液体涂在整个脸上，避开眼睛和嘴的部分，大概过 5~10 分钟后，用温水洗净即可。

秘制睡眠面膜 让你的肌肤重获新生

涂抹，洗去……本来就很累的每一天，这个过程也很麻烦吧？现在开始，边睡觉边变得年轻吧！

睡一觉起来后，可以看到自己的肌肤和前一天完全不同。

在睡眠过程中，同样可以获得美肤体验。

嘘！不要让其他人知道，来用这个秘密的睡眠面膜帮助自己天天变美吧。

准备工作：

器具：电磁炉，电子秤，250毫升玻璃烧杯（玻璃烧杯1），100毫升玻璃烧杯（玻璃烧杯2），2个温度计，玻璃棒，试剂量勺，橡胶小勺，50毫升玻璃容器

原料：34.6克有机奥图玫瑰花瓣，3克金盏花浸泡油，3.5克胡萝卜浸泡油，6克摩洛哥坚果油，2.5克橄榄蜡，6滴天然防腐剂，1滴榄香脂精油

使用方法：

洗脸后，在基础护肤的最后一步，取适量的面膜涂在脸上，接下来轻轻地按摩一分钟的时间，使其充分吸收，之后再睡觉。第二天清晨不要用任何洁面的东西，直接用温水轻轻地洗去即可。

保存方法＆注意事项：

冷藏保存。孕妇尽量不要使用。

制作约 50 克的量：

01 把 34.6 克有机奥图玫瑰花瓣放入玻璃烧杯 1 中（水状层）。

02 下一步把 3 克金盏花浸泡油，3.5 克胡萝卜浸泡油，6 克摩洛哥坚果油和 2.5 克橄榄蜡都放入玻璃烧杯 2 中（油状层）。

03 把玻璃烧杯 1 和玻璃烧杯 2 都放在电磁炉上，用中火加热。用玻璃棒一直搅拌着玻璃烧杯 2，要随时注意查看温度。具体可以参考第 12 页的第三条。

04 两个玻璃烧杯的温度都加热到 70℃ 的话，把玻璃烧杯 1 中的一半液体倒入玻璃烧杯 2 中，然后用橡胶小勺搅拌混合约 5 秒钟左右。

05 把第四步中生成的液体全部倒入玻璃烧杯 1 中，搅拌约 10 分钟左右，一直到出现乳状的感觉。

06 再滴入 6 滴天然防腐剂和 1 滴榄香脂精油，充分混合。

07 最后倒入容器中，放置在避免阳光直射的阴凉处，在室温下放置一天，让其充分混合。

保湿精华素 水润只需三秒钟

　　通过强化胶原蛋白和弹性蛋白改善干燥和老化的肌肤，从而获得显著的效果。

　　含有各种维生素和丰富的亚麻酸，可以供给龟裂的皮肤和粗糙的皮肤营养成分，同时对深受化妆品副作用苦恼的皮肤也效果很好。

推荐使用皮肤类型：干燥的皮肤，老化的皮肤，粗糙的皮肤
使用次数：一周一次
使用期限：三个月

准备工作：

器具：25 毫升玻璃烧杯，玻璃棒，20 毫升滴管玻璃容器
原料：10 毫升有机摩洛哥坚果精油，10 毫升有机甜扁桃精油，1 滴橙花油

制作约 20 毫升的量：

01 把 10 毫升有机摩洛哥坚果精油和 10 毫升有机甜扁桃精油放入玻璃烧杯中，混合起来。

02 再往玻璃烧杯中滴入 1 滴橙花油，并混合起来。

03 最后倒入容器中，贴上标签，然后放置在避免阳光直射的阴凉处，室温下保存一天，让其充分熟成。

使用方法：

把精油均匀地涂在脸上，为了能够更好地吸收，用手掌贴在脸上轻轻搓。混合 2~3 滴日常使用的精华素或乳液使用，效果也不错。

保存方法：

放置在避免阳光直射的阴凉处，室温下保存。

注意事项：

对坚果类过敏的人群慎用，孕妇禁止使用。

Kiss-me 精华素唇膏 打造完美嘟嘟唇

让嘴唇从干燥到水润完美大变身！

冬天里必备的完美唇膏。

　　Kiss me 精华素唇膏可以带给干燥的，有裂口的嘴唇满满的水分，达到很好的保湿效果。

　　现在开始，就用自己创造的天然无公害唇膏来让嘴唇水润迷人吧！

准备工作：

紫草浸泡油芝麻精油器具：电子秤，100 毫升玻璃烧杯，玻璃棒，筛子，100 毫升玻璃容器，50 毫升滴管式玻璃容器

唇膏精华素所需道具：电磁炉，电子秤，50 毫升玻璃烧杯，温度计，玻璃棒，试剂小勺，3 个 10 毫升的玻璃试管

紫草浸泡油芝麻精油原料：20 克紫草香草，50 克有机芝麻精油

唇膏精华素原料：25.5 克紫草浸泡油芝麻精油，4 克有机蜂蜡，0.3 克天然维生素 E，4 滴安息香精油

制作约 100 克的量：

制作紫草浸泡油芝麻精油

01 先把 20 克紫草香草放入玻璃烧杯，然后再放入 50 克有机芝麻精油。接着把这些都倒入到玻璃容器中。

02 把玻璃容器放在阳光能够照射到的窗户边两周到一个月的时间，每天随时记得摇晃一下这款精油，使其中的紫草能够充分褪色。

03 用筛子把滤液体滤出来。

04 把过滤出来的液体放在玻璃容器中，一个月之内要使用。

贴士：如果放入少量的维生素 E 或乳膏精油，可以延长保存的时间。

精华素唇膏的制作步骤：

贴士一：温度上升到60℃的时候，把玻璃烧杯从电磁炉上拿下来，继续搅拌，利用余热使温度继续上升。

05 把 25.5 克紫草浸泡油芝麻精油和 4 克有机蜂蜡放入玻璃烧杯中。

06 把玻璃烧杯放在电磁炉上，中火加热，边用玻璃棒搅拌，使之充分混合，一直到温度升到 70℃全部融化的时候停止。

贴士二：随着温度的变低，精油会凝固，所以一定要迅速地制作。

>>

贴士三：安息香很容易诱使皮肤出现过敏等症状，所以如果感到不适的话，要立即中止使用。

07 然后再放入 0.3 克维生素 E，混合起来。

08 之后再滴入 4 滴安息香精油，充分混合，最后装入到容器中，等之凝固起来。

使用方法：

在涂抹口红之前或是嘴唇感到干燥的时候，取适量精油涂在嘴唇上。在睡前满满地涂上，可以预防皱纹和嘴唇老化，效果很明显。

保存方法：

放置在避免阳光直射的阴凉处，室温下保存。

香草球 放松镇静只在一念之间

接下来给您介绍对于有刺痛和发麻感的肌肉，或者疼痛的关节有良好的镇静作用的香草球疗法。

将香草球轻轻地按压在僵硬和疲劳的身体部位上，使身体部位变得舒服起来。

准备工作：

器具： 电子秤，不锈钢碗，试剂小勺，50x50cm 的粗布，150cm 的细长棉线，末端平坦的长钢棒

原料： 5克有机柠檬马鞭草，10克陈皮，10克薰衣草香草，10克德国洋甘菊香草，10克金盏花香草，5克玫瑰花蕾香草，10克薄荷香草，5克肉桂香草，10克迷迭香香草，5克柠檬草香草，10克鼠尾草香草，5克茴香，5克桉树木

制作约 100 克的量：

>>

01 把粗布铺在不锈钢碗上，把各种香草按量放入，混合起来。

02 把香草都聚集到中间，把布包裹成如图中示范的球的形状。用线捆绑起来，最后右端线头留 20mm 左右的长度，打一个结。

>>

03 不要解开线上面的结，把线长的一边从结的右边穿进去再抽出来。

04 如图中所示，整理好布的上半部分到下半部分，使布能够平整。

>>

05 如图所示，把布折叠下来，大概折叠五厘米左右的宽度。

06 把布对半折叠，用线连同有线缠绕的部分一起，完全缠绕起来。

 >>

07 如图中所示一样，然后把布的两边分别折向中心，又分别都卷进来。

08 把线放入刚才包起来的布的缝隙中，并从上方把线头拔出。

 >>

09 像图中一样把线从中间拔出来，然后顺着左边绕三圈把布缠绕起来。

10 像图中一样保持一厘米左右的间隔把布包起来，最底下的部分包三圈，然后打两个结。

 >>

11 剩下的线都揉搓转成粗线的形状，最后留下像上图布和手一样长的长度后，剪去剩余部分即可。

12 搓好的粗线夹到布里面的缝隙当中，固定好，防止线散开。

使用方法：

1. 为了使香草球的里面也能够被浸泡到，用净水器里的纯净水浸泡时，大概要浸泡30秒钟左右。

2. 把第一步中的香草球放在蒸汽机中蒸5~10分钟。夏天最好蒸五分钟，冬天最好蒸十分钟左右。

3. 拿着香草球的布把手，把香草球放在有疼痛的部位（背，肩膀，腰，腹部等），轻轻地按压。

4. 一边在每个部位保持2~3秒钟，一边移动着不同的部位，这样重复大概5~10分钟。如果不用香草球的话，放到拉链袋中冷冻保存，再拿出来使用，这样可以反复使用2~3次。

保存方法：

如果做完不用的话，放到拉链袋中保存，避免阳光直射，放在阴凉处，常温保存即可。

注意事项：

因为卫生习惯的不同，建议同一个香草球不要多个人同时使用。孕妇禁止使用。

橙子足浴盐 有效软化老茧

　　可以使心情变得很好的清爽的橙子味足浴用盐。

　　取自喜马拉雅山的盐可以帮助去除老茧和角质，彻彻底底地去除一整天累积的疲劳。

准备工作：

　　器具：电子秤，250 毫升玻璃烧杯，试剂小勺，玻璃棒，喷雾器，100 毫升玻璃容器

　　原料：100 克喜马拉雅盐（黑色，粉色，白色），1 克柠檬粉末，1 克（20 滴）有机甜橙精油，若干酒精

制作约 100 克的量：

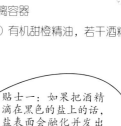

贴士一：如果把酒精滴在黑色的盐上的话，盐表面会融化并发出硫黄的味道。对于硫黄的味道敏感的人群，可以在制作的时候只用粉色盐和白色盐。

01 先把 100 克喜马拉雅盐放入玻璃烧杯中，接着再放入 1 克柠檬粉末，用玻璃棒搅拌混合起来。

02 然后再把 20 滴有机甜橙精油滴入玻璃烧杯中，混合起来。滴时不要只滴在一个地方，要均匀地滴在玻璃烧杯的各个位置。

贴士二：轻轻地捏脚的话，可以起到促进血液循环的作用。对于缓解疲劳有很显著的效果。

使用方法：

　　在足浴器中注入三分之二的温水，然后在温水中放入约 10 克的足浴用盐，溶解后，把脚放进去。脚大概泡 5~10 分钟后，轻轻地按摩去掉老茧。然后用流动的水将脚上的浴盐全部洗掉，抹上保湿品就可以了。

03 然后再撒上 2~3 滴酒精，用玻璃棒搅拌混合起来。

04 最后倒入容器中，放置在避免阳光直射的阴凉处，室温下保存。如果是夏天就保存一周左右，如果是冬天就保存两周左右，等其充分混合后，再使用。

保存方法 & 注意事项：

　　放置在避免阳光直射的阴凉处，室温下保存。如果脚上有水泡的话，用冷水溶解足浴盐后再使用。对于出汗比较多的体质，或者是脚部有瘙痒症状的人，用完足浴盐后要用冷水冲洗干净。

鳄梨护甲精油 让你的指甲无倒刺

　　含有丰富的维生素 A，维生素 B_1，维生素 B_2，维生素 D，维生素 E，钾，磷，镁，钙等多种矿物质。

　　此款精油让营养不足的皮肤细胞的构造变得更坚固，让你的指甲更健康。

　　再也不用去美甲店了，现在开始在家自己做指甲吧！

准备工作：

器具：25 毫升玻璃烧杯，滴管，试剂小勺，5 毫升的指甲精油玻璃容器
原料：4 毫升有机鳄梨精油，1 毫升有机乳膏，1 滴有机花梨木精油

制作约 5 毫升的量：

贴士二：也可戴棉手套进行。

01 把 4 毫升有机鳄梨精油和 1 毫升有机乳膏放入玻璃烧杯中，充分混合起来。

贴士一：如果对于谷蛋白有过敏，可以用增加鳄梨精油的用量用来代替乳膏，这样效果也不错。

使用方法：

　　把手洗干净后，用刷子轻轻地将营养油涂在指甲和容易起倒刺的部位。为了能使营养成分充分吸收，要充分晾干。

02 再滴入 1 滴有机花梨木精油，也混合起来。

保存方式：

　　放置在避免阳光直射的阴凉处，室温下保存。

注意事项：

　　对于谷蛋白过敏的人群禁止使用。

03 最后倒入容器中，贴上标签，然后放置在避免阳光直射的阴凉处，室温下保存一天，让其充分混合。

自制混合精油 手脚不再冷冰冰

不管是什么季节，都有可能出现手脚发凉的状况。

这里介绍一款混合精油，它的主要功效是更好地促进手和脚的血液循环。

推荐适合肤质：手脚发凉的时候
使用次数：一天两次
使用期限：三个月

准备工作：

器具：50 毫升玻璃烧杯，玻璃棒，30 毫升滴管型玻璃容器
原料：30 毫升有机澳洲坚果精油，1 滴肉桂皮精油，3 滴甜马郁兰精油，2 滴黑椒精油

制作约 30 毫升的量：

01 看着玻璃烧杯的刻度线，往玻璃烧杯注入 30 毫升的有机澳洲坚果精油。

02 接着把另外 3 种精油按量分别滴入玻璃烧杯中充分混合。

贴士：肉桂可以促进血液循环，马郁兰可以为皮肤注入活力，黑椒可以有效缓和冻伤和发冷的的症状

03 最后倒入容器中，然后放置在避免阳光直射的阴凉处，室温下保存一天，让其充分混合。

使用方法：

　　取适量精油，然后均匀地涂抹在手和脚上。接着，从离心脏远的地方往离心脏近的地方，轻轻地按摩 2~3 分钟，足浴或沐浴后使用效果更好。

保存方法：

　　放置在避免阳光直射的阴凉处，室温下保存。

注意事项：

　　有以下症状的人禁止使用。对于坚果类过敏的人，孕妇，母乳期妇女，心脏病患者，癫痫病患者，肝指数过高的患者，正在接受顺势疗法治疗的人，高血压患者，属于过敏性肌肤的人群。

深层清洁油 彻底清洁你的肌肤

　　用这个可水洗的深层清洁油，给被长期化妆而拖累的皮肤放个假吧！

　　像小孩般纯净皮肤的葡萄籽油，可以预防皮肤粗糙，有机特级初榨橄榄油可以使皮肤变得清爽。

准备工作：

器具：100 毫升玻璃烧杯，玻璃滴管，玻璃棒，100 毫升玻璃容器
原料：50 毫升有机特级初榨橄榄油，28 毫升有机葡萄籽精油，20 毫升橄榄液，
1 毫升天然维生素 E，20 滴（1 毫升）有机柠檬精油

制作约 100 毫升的量：

01 看着玻璃烧杯的刻度，把 50 毫升有机特级初榨橄榄油和 28 毫升有机葡萄籽精油分别注入玻璃烧杯中，并混合起来。

>>

02 放入 20 毫升橄榄液和 1 毫升天然维生素 E，均匀地搅拌混合。

贴士：维生素 E 可以有效呵护敏感性肌肤，去除有害的酸性物质，防止肌肤老化。

03 滴入 20 毫升橄榄液，混合起来。

>>

04 最后倒入容器中，然后放置在避免阳光直射的阴凉处，室温下保存一天，让其充分混合。

使用方法：

挤适量的精油，涂在脸上，轻轻地按摩，然后用温水迅速地洗去。如果涂抹太长时间的话，皮肤的排泄物或化妆品的残留物会长期吸附在皮肤上，对皮肤不好。根据不同类型的化妆效果和皮肤类型，可以看情况是否要用天然香皂或泡沫清洁剂再洗一次脸。

保存方法：

放置在避免阳光直射的阴凉处，室温下保存。

注意事项：

因为该精油有感光性，如果暴露在阳光下，可能会有色素沉淀的现象发生。所以建议晚上再使用。